LA

TÉLÉGRAPHIE SANS FIL

ET LES

ONDES ÉLECTRIQUES

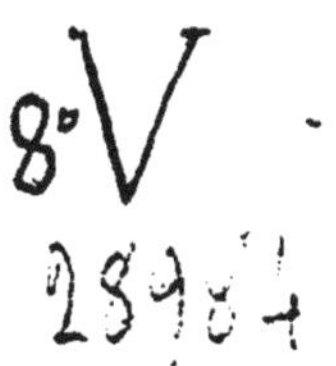

COUVERTURE SUPERIEURE ET INFERIEURE
EN COULEUR

LA
TÉLÉGRAPHIE SANS FIL

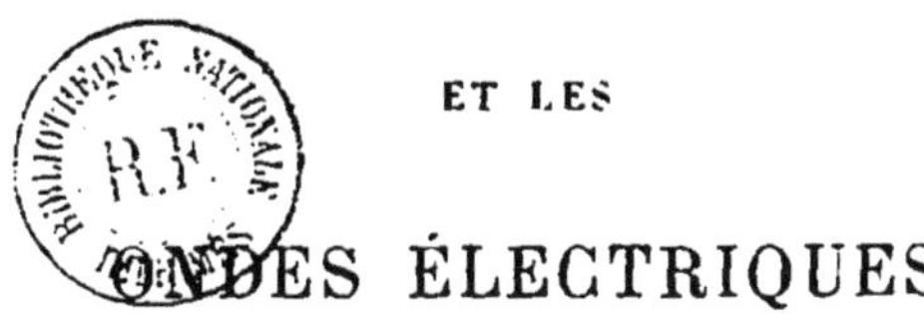

ET LES
ONDES ÉLECTRIQUES

PAR

J. BOULANGER
CHEF DE BATAILLON DU GÉNIE

G. FERRIÉ
CAPITAINE DU GÉNIE

DEUXIÈME ÉDITION, AUGMENTÉE ET MISE A JOUR
avec 36 figures dans le texte

BERGER-LEVRAULT ET Cie, ÉDITEURS

PARIS
5, rue des Beaux-Arts

NANCY
18, rue des Glacis

1901

LA TÉLÉGRAPHIE SANS FIL ET LES ONDES ÉLECTRIQUES

CHAPITRE Ier

PROPRIÉTÉS GÉNÉRALES DES COURANTS ALTERNATIFS

Dans les applications industrielles, le courant électrique est ordinairement produit par des machines dites *dynamos*, qui le fournissent sous deux formes différentes : le courant *continu*, dont le sens est constant, et le courant *alternatif*, dont le sens est renversé périodiquement.

Au point de vue chronologique, les machines à courants alternatifs ont précédé les machines à courants continus ; mais il n'en a pas été de même pour les applications, et l'on a d'abord employé à peu près exclusivement les courants continus. Aujourd'hui, les courants alternatifs sont également utilisés et jouissent même d'une certaine faveur, due surtout à leur facilité de transformation. En réalité, les deux systèmes ont leurs avantages et leurs inconvénients, et les applications sont assez variées pour justifier la préférence que l'on accorde, suivant les cas, à l'un ou à l'autre.

La théorie des courants continus, qui a pour point de départ la loi de Ohm, permet de définir et par suite de mesurer d'une façon précise toutes les grandeurs électriques. Pour les courants alternatifs, la question n'est plus aussi simple. Certaines grandeurs, comme la force électromotrice et l'intensité dont la valeur varie sans cesse, ont alors un caractère fugitif qui nécessite de nouvelles définitions.

En outre, les variations de l'intensité obligent à tenir compte en permanence des phénomènes d'induction. On est ainsi conduit à établir de nouvelles formules pour exprimer les propriétés spéciales aux courants alternatifs. Ce sont ces propriétés que nous nous proposons de résumer dans ce qui suit.

Équations du courant. — Considérons un circuit de résistance R renfermant une force électromotrice dont la valeur est e à l'instant t, et soit i l'intensité du courant au même instant. On sait qu'une variation di de l'intensité pendant le temps dt donne naissance à une force électromotrice d'induction $-\mathrm{L}\frac{di}{dt}$, L étant le coefficient de self-induction du circuit. Il en résulte que, si l'on veut appliquer la loi de Ohm au circuit à l'instant t, on doit considérer ce circuit comme étant le siège d'une force électromotrice égale à $e-\mathrm{L}\frac{di}{dt}$, ce qui donne

$$e-\mathrm{L}\frac{di}{dt}=\mathrm{R}i,$$

ou

$$e=\mathrm{R}i+\mathrm{L}\frac{di}{dt}. \qquad (1)$$

Lorsque la force électromotrice e est constante, le régime permanent s'établit au bout d'un temps très court et la variation di devenant nulle, on a alors

$$e=\mathrm{R}i.$$

C'est la forme ordinaire de la loi de Ohm, qui permet

de déterminer facilement la valeur de l'intensité en fonction de e et R.

Mais si e est variable, il en est de même de l'intensité, et la valeur de i à l'instant t doit être déduite de l'équation (1), dans laquelle on donnera à e la valeur correspondant au même instant. Il est donc indispensable de connaître tout d'abord la loi de variation de la force électromotrice.

C'est seulement lorsque cette loi est suffisamment simple que la solution de l'équation différentielle (1) devient possible. Un cas particulièrement intéressant à considérer est celui où la force électromotrice variable e passe périodiquement par les mêmes valeurs.

Pour traiter le problème dans toute sa généralité, il faudrait exprimer e au moyen de la série de Fourier. On sait en effet qu'une fonction périodique quelconque $f(t)$ peut être représentée par la série :

$$f(t) = \mathrm{A} + \mathrm{A}_1 \sin m(t - t_1) + \mathrm{A}_2 \sin 2m(t - t_2) + \ldots..$$

dans laquelle A, A_1, A_2, A_3... t_1, t_2... sont des constantes numériques et m le quotient de 2π par la durée T d'une période complète, de sorte que

$$m = \frac{2\pi}{\mathrm{T}}.$$

Bien que la solution soit possible dans ce cas, on simplifie habituellement les calculs en réduisant la série à ses deux premiers termes. On peut en outre choisir pour l'origine des temps un instant où $e = 0$, de sorte que cela revient à admettre que la loi de variation de la force électromotrice est représentée par la formule

$$e = \mathrm{E}_0 \sin mt, \tag{2}$$

E_0 étant alors la force électromotrice maxima.

Il est bien évident qu'au point de vue mathématique, rien n'autorise *a priori* cette simplification, faite uniquement en vue d'abréger les calculs. Mais elle se trouve justifiée *a posteriori* par les résultats de l'expérience, qui montrent que l'approximation ainsi réalisée est suffisante pour la pratique. C'est d'ailleurs à cette simplification que l'on doit la découverte des principales propriétés des courants alternatifs.

La loi sinusoïdale étant admise pour la force électromotrice, rien n'empêche de l'admettre également pour l'intensité, et la période aura évidemment la même durée pour les deux fonctions. Mais comme l'intensité ne s'annule pas forcément en même temps que la force électromotrice, on écrira

$$i = A \sin m (t - \alpha), \qquad (3)$$

A étant l'intensité maxima et α le temps au bout duquel $i = 0$.

En d'autres termes, si l'on porte en abscisses les valeurs des temps et en ordonnées celles de la force électromotrice, cette dernière sera représentée par une sinusoïde telle que O*ab*, passant par l'origine (fig. 1). En prenant

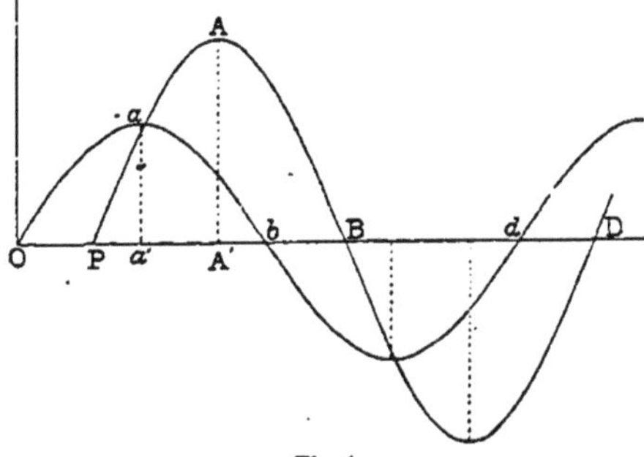

Fig. 1.

comme ordonnées les valeurs de l'intensité, on obtient une deuxième courbe PAB. On a alors

$$aa' = E_0, \; AA' = A$$

$$Od = PD = T = \frac{2\pi}{m}$$

$$OP = \alpha.$$

La solution de l'équation (1) revient alors à calculer A et α en tenant compte de (2).

Si l'on remplace e et i par leurs valeurs dans l'équation (1), il vient

$$E_0 \sin mt = RA \sin m(t-\alpha) + LAm \cos m(t-\alpha).$$

Pour $t=0$, on a :

$$0 = -RA \sin m\alpha + LAm \cos m\alpha,$$

d'où

$$\operatorname{tg} m\alpha = \frac{mL}{R}. \qquad (4)$$

Pour $t=\alpha$, on a :

$$E_0 \sin m\alpha = mLA.$$

Or, la valeur de $\operatorname{tg} m\alpha$ donne

$$\sin m\alpha = \frac{mL}{\sqrt{R^2+m^2L^2}},$$

donc

$$A = \frac{E_0}{\sqrt{R^2+m^2L^2}}. \qquad (5)$$

L'examen de la formule (4) montre que la valeur de $\operatorname{tg} m\alpha$ est positive, c'est-à-dire que l'angle $m\alpha$ est compris entre 0 et $\frac{\pi}{2}$. Par suite, α est compris entre 0 et $\frac{\pi}{2m} = \frac{T}{4}$.

Il existe donc en général une *différence de phase* entre la courbe des intensités et celle des forces électromotrices. La première est en retard sur la seconde d'une durée $\alpha = OP$, et l'on vient de voir que ce retard ne peut dépasser un quart de période, c'est-à-dire que le point P est toujours compris entre O et a'.

Dans la pratique, α n'atteint jamais la valeur $\frac{T}{4}$, car cette valeur limite correspondrait à $L=\infty$ ou à $R=0$. De même la valeur de α s'annulerait pour $L=0$ ou $R=\infty$, c'est-à-dire pour un circuit dépourvu de self-induction ou pour un circuit ouvert. Les deux courbes ont alors la même origine. En dehors de ces deux cas particuliers, la self-induction a pour effet de déplacer la courbe des intensités par rapport à celle des forces électromotrices.

Quant à la formule (5), on voit qu'elle établit entre la force électromotrice maxima et l'intensité maxima une relation analogue à la formule de Ohm, la résistance se trouvant remplacée par le radical $\sqrt{R^2+m^2L^2}$. Pour cette raison on donne à ce radical le nom de *résistance apparente;* on l'appelle aussi l'*impédance* du circuit.

Évaluation du travail. — Si l'on multiplie par idt tous les termes de l'équation (1), on a

$$eidt = Ri^2dt + Lidi. \tag{6}$$

Sous cette forme, le premier membre représente le travail fourni par la source pendant le temps dt. Ce travail comprend alors deux parties : l'une Ri^2dt, qui correspond à l'effet Joule et se retrouve sous forme de chaleur dans le circuit; l'autre $Lidi$, qui représente le travail employé à vaincre la self-induction.

La force électromotrice étant représentée par la relation (2), proposons-nous d'évaluer le travail correspondant à une demi-période.

Le travail fourni par la source pendant le temps $\frac{T}{2}$ est $\int_0^{\frac{T}{2}} eidt$. L'intégration se fait facilement en utilisant une propriété des fonctions périodiques. Considérons en effet les valeurs de la fonction ei à deux époques distantes d'un quart de période, c'est-à-dire aux instants t et $t+\frac{T}{4}$; à l'instant t, on a :

$$ei = E_0A \sin mt \sin m(t - \alpha).$$

Soient e', i' la force électromotrice et l'intensité à l'instant $t+\frac{T}{4}$. La valeur du produit $e'i'$ s'obtiendra en remplaçant dans celle de ei, t par $t+\frac{T}{4}$ ou mt par $mt+\frac{\pi}{2}$, ce qui revient à changer les sinus en cosinus. On a donc

$$e'i' = E_0 A \cos mt \cos m(t-\alpha),$$

d'où

$$ei + e'i' = E_0 A \cos m\alpha.$$

Cette somme étant indépendante de t, il suffit de la multiplier par $\frac{T}{4}$ pour avoir l'intégrale entre 0 et $\frac{T}{2}$, ce qui donne

$$\int_0^{\frac{T}{2}} ei\,dt = E_0 A \frac{T}{4} \cos m\alpha,$$

ou, en remplaçant $\cos m\alpha$ par sa valeur déduite de (4),

$$\int_0^{\frac{T}{2}} ei\,dt = RA^2 \frac{T}{4}.$$

On calculera de même le travail dû à l'effet Joule pendant le même temps. Ce travail est

$$\int_0^{\frac{T}{2}} Ri^2 dt = R\int_0^{\frac{T}{2}} i^2 dt.$$

En calculant comme précédemment les valeurs de i^2 et i'^2 aux instants t et $t+\frac{T}{4}$, on a :

$$i^2 = A^2 \sin^2 m(t-\alpha),$$

$$i'^2 = A^2 \cos^2 m(t-\alpha),$$

d'où

$$i^2 + i'^2 = A^2,$$

ce qui donne pour le travail cherché

$$\int_0^{\frac{T}{2}} \mathrm{R}i^2 dt = \mathrm{RA}^2 \frac{\mathrm{T}}{4}$$

Ce travail étant égal à celui qui est fourni par la source pendant une demi-période, il en résulte que pendant le même temps le travail relatif à la self-induction est nul[1]. On en conclut que le travail dépensé pendant la période croissante du courant est restitué pendant la période décroissante.

Cette remarque est très importante, car elle montre qu'au point de vue de la conservation des appareils, les courants alternatifs sont moins dangereux que les courants continus.

Considérons en effet ce qui se passe lorsqu'on établit un courant continu dans un circuit. Au moment où l'on ferme le circuit, l'intensité part de 0 et croît jusqu'à ce qu'elle ait atteint sa valeur normale $\mathrm{I} = \frac{e}{\mathrm{R}}$. Pendant la durée de cette période variable, ordinairement très courte, la source doit fournir un travail supplémentaire destiné à vaincre la self-induction. Ce travail, qui correspond à l'extra-courant de fermeture, est égal à :

$$\int_0^{\mathrm{I}} \mathrm{L}i di = \frac{\mathrm{LI}^2}{2}.$$

Tant que le régime permanent est maintenu, ce travail reste emmagasiné à l'état potentiel et reparaît dans l'extra-courant d'ouverture, au moment où l'on interrompt le circuit.

Or, dans les machines électriques, qui comprennent des

1. On peut d'ailleurs vérifier directement que $\int_0^{\frac{T}{2}} \mathrm{L}i di = 0$.

bobines enroulées sur des noyaux de fer, le coefficient L a une valeur très élevée; si l'intensité I est elle-même considérable, on conçoit qu'en ouvrant sans précautions le circuit d'une machine à courant continu en activité, on fait apparaître brusquement une quantité d'énergie $\frac{LI^2}{2}$ qui peut être assez grande pour compromettre la sécurité des appareils.

On voit au contraire que cet inconvénient n'est pas à redouter avec les machines à courants alternatifs, puisque, dans ce cas, le travail dû à la self-induction est restitué à chaque demi-période.

Influence de la self-induction. — Cette dernière propriété des courants alternatifs conduit à une autre conséquence également importante.

Dans une application industrielle, le travail qui correspond à l'effet Joule est le seul qui soit susceptible d'être utilisé. Supposons qu'à un moment donné ce travail devienne supérieur au besoin ; s'il est fourni sous la forme de courant continu, on n'a pas d'autre moyen pour le diminuer que d'augmenter la résistance du circuit. La source continue alors à fournir la même quantité de travail, dont une partie est dépensée en pure perte dans la résistance additionnelle.

Avec les courants alternatifs, au contraire, on peut appliquer une solution plus économique qui consiste à augmenter non pas la résistance, mais la self-induction du circuit. On diminue ainsi le travail correspondant à l'effet Joule, mais, quelle que soit la valeur de L, ce travail reste égal, pour chaque demi-période, à celui qui est fourni par la source. Celle-ci se règle donc d'elle-même, de manière à ne fournir que le travail réellement utilisé.

Travail moyen. — Le travail correspondant à une demi-période étant égal à $RA^2\frac{T}{4}$, si l'on divise cette expression par $\frac{T}{2}$, le quotient $\frac{RA^2}{2}$ représente le travail moyen rapporté à l'unité de temps. Désignons-le par T_m ; en remplaçant A par sa valeur (5), on aura

$$T_m = \frac{R}{2}\frac{E_0^2}{R^2 + m^2L^2} = \frac{E_0^2}{2\left(R + \frac{m^2L^2}{R}\right)}.$$

Si l'on fait varier la résistance R du circuit, le travail T_m varie également, mais si l'on remarque que le produit de R par $\frac{m^2L^2}{R}$ est indépendant de R, on voit que T_m passe par un maximum pour

$$R = \frac{m^2L^2}{R}$$

ou

$$R = mL.$$

On a alors

$$\operatorname{tg} m\alpha = 1,$$

ou

$$\alpha = \frac{T}{8}$$

On devra donc chercher à se rapprocher le plus possible de cette condition. Dans ce cas, le point P (fig. 1) se trouve au milieu de Oa'.

Intensité et force électromotrice efficaces. — Au point de vue théorique, les considérations qui précèdent permettent à la rigueur de déterminer complètement les conditions de fonctionnement d'un courant alternatif. Mais cela suppose en même temps que l'on peut mesurer les différentes grandeurs qui entrent dans les formules. Or, parmi ces grandeurs, plusieurs, comme l'intensité maxima, la durée d'une période, etc., sont assez difficiles à évaluer directement. On a été conduit ainsi, dans la pratique, à faire intervenir de nouvelles grandeurs faciles à mesurer, et permettant de comparer, au point de vue de l'effet utile, soit les courants alternatifs entre eux, soit les courants alternatifs avec les courants continus.

Nous avons vu que le travail moyen produit par un courant alternatif pendant l'unité de temps est égal à $\frac{RA^2}{2}$. On appelle *intensité efficace* de ce courant l'intensité I du courant continu qui produirait la même quantité de travail pendant le même temps, dans le même circuit. On a alors :

$$RI^2 = \frac{RA^2}{2},$$

d'où

$$I = \frac{A}{\sqrt{2}}.$$

D'autre part, nous avons trouvé plus haut, pour le travail correspondant à l'effet Joule pendant une demi-période :

$$\int_0^{\frac{T}{2}} Ri^2 dt = RA^2 \frac{T}{4}.$$

On en déduit :

$$I^2 = \frac{2}{T}\int_0^{\frac{T}{2}} i^2 dt.$$

C'est-à-dire que le carré de l'intensité efficace est égal à la moyenne des carrés de l'intensité réelle.

Cette remarque permet de mesurer directement l'intensité efficace, au moyen de l'électrodynamomètre. On sait que dans cet instrument, fondé sur la formule d'Ampère, l'action exercée sur la bobine mobile est proportionnelle au produit des intensités des courants qui traversent les deux bobines. Par conséquent, si l'on fait passer à la fois dans les deux bobines un même courant d'intensité i, l'action est proportionnelle à i^2, c'est-à-dire indépendante du sens du courant. Il en résulte que si les variations de l'intensité sont suffisamment rapides, la bobine prend une déviation permanente qui peut servir à mesurer la valeur moyenne de i^2, c'est-à-dire, dans le cas d'un courant alternatif, la valeur de l'intensité efficace.

Il ne faut pas d'ailleurs confondre l'intensité efficace avec l'intensité moyenne I', qui serait

$$I' = \frac{2}{T}\int_0^{\frac{T}{2}} i dt = \frac{2}{T}\int_0^{\frac{T}{2}} A \sin m (t - \alpha) dt.$$

On simplifie le calcul en considérant l'intégrale entre α et $\alpha + \frac{T}{2}$, ce qui donne

$$I' = \frac{2}{T}\int_{\alpha}^{\alpha + \frac{T}{2}} A \sin m (t - \alpha) dt = \frac{2A}{\pi}.$$

Le rapport de l'intensité efficace à l'intensité moyenne est donc

$$\frac{I'}{I} = \frac{\pi}{2\sqrt{2}} = 1,11.$$

Quant à la force électromotrice, elle est définie par la relation (2), qui suppose connue la force électromotrice maxima E_0. Or, on peut obtenir directement une valeur E, telle que E^2 représente la moyenne des carrés de la force électromotrice réelle. En effet, si l'on établit entre les bornes d'un électromètre une différence de potentiel égale à e, l'action exercée sur l'aiguille mobile est proportionnelle à e^2 et indépendante du sens de e. Si la force électromotrice est alternative, la déviation est alors proportionnelle à la moyenne des valeurs de e^2.

Par analogie avec ce qui avait été fait pour l'intensité,

on a appelé E *la force électromotrice efficace*. On a donc comme ci-dessus

$$E = \frac{E_0}{\sqrt{2}}.$$

On voit que

$$\frac{E}{I} = \frac{E_0}{A},$$

ce qui donne

$$E = I\sqrt{R^2 + m^2L^2}.$$

C'est-à-dire que l'on pourra appliquer la loi de Ohm aux courants alternatifs, à la condition de considérer : la force électromotrice efficace, l'intensité efficace et la résistance apparente ou impédance.

Action d'un condensateur. — Pour qu'un courant continu puisse traverser un circuit, il est nécessaire que ce circuit soit conducteur en tous ses points. Il n'en est pas de même pour les courants alternatifs qui, dans certains cas, peuvent subsister dans un circuit, bien que celui-ci ne soit pas entièrement métallique. C'est ce qui arrive notamment lorsque le circuit contient un condensateur.

Considérons un condensateur M (fig. 2), dont les armatures AB sont reliées par un circuit renfermant une source électrique S dont la force électromotrice e est définie par la relation (2).

Lorsque e varie de 0 à E_0, il en est de même de la différence de potentiel entre les armatures. Une certaine quantité d'électricité passe sur chaque armature, et les circuits aA, bB sont parcourus par des courants d'un certain sens. Mais après avoir atteint son maximum, e décroît de E_0 à 0. Il arrive donc un moment où le condensateur se décharge èt où les portions de circuit aA, bB sont parcourues par des courants inverses des précédents. Les mêmes phénomènes se reproduisant à chaque période, on voit que finalement, malgré la solution de continuité créée par le diélectrique du condensateur, l'ensemble du circuit sera le siège de courants alternatifs de période égale à T et dont l'intensité pourra être représentée par (3).

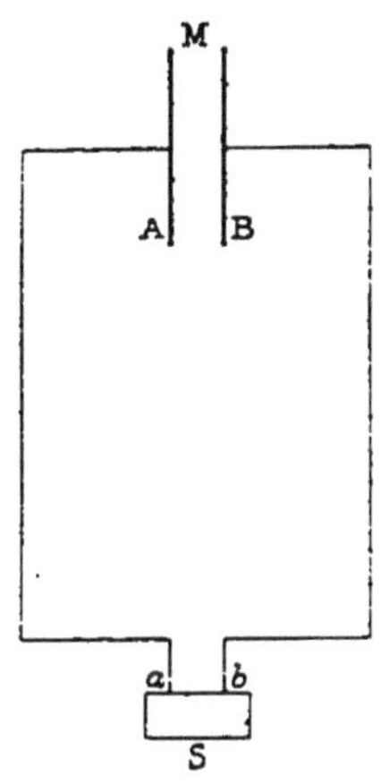

Fig. 2.

Quant aux valeurs de e et i au même instant, elles ne seront plus reliées par l'équation (1), qui devra être modifiée de manière à tenir compte de la présence du condensateur.

Soit V la différence de potentiel entre les armatures à l'instant considéré. Le condensateur tendant à chaque instant à se décharger en sens inverse du courant de charge, il en résulte que V peut être considérée comme une force électromotrice agissant en sens inverse de e, de telle sorte qu'en réalité la force électromotrice résultante est $e - V$. L'équation (1) devient alors

$$e - V = Ri + L\frac{di}{dt}. \qquad (7)$$

Soit maintenant C la capacité du condensateur, pendant le temps dt, la charge varie de idt. Donc, d'après la définition de la capacité, on a

$$dV = \frac{1}{C} idt.$$

On en déduit

$$\frac{dV}{dt} = \frac{1}{C} i,$$

$$\frac{d^2V}{dt^2} = \frac{1}{C}\frac{di}{dt}.$$

Or, la fonction V peut aussi être considérée comme une fonction sinusoïdale de période T. On sait que, dans ce cas[1], la dérivée seconde est égale à $-m^2V$. On aura donc

$$-m^2V = \frac{1}{C}\frac{di}{dt}$$

ou

$$V = -\frac{1}{Cm^2}\frac{di}{dt}.$$

Remplaçant V par cette valeur dans (7), il vient

$$e = Ri + \left(L - \frac{1}{Cm^2}\right)\frac{di}{dt}.$$

Si l'on compare cette équation à (1), on voit qu'elle n'en diffère que par la valeur du coefficient de $\frac{di}{dt}$. Les choses se passent donc comme si le coefficient de self-induction du circuit était devenu égal à $L - \frac{1}{Cm^2}$.

Il en résulte qu'en faisant varier la capacité C du con-

1. En effet, si l'on pose $V = B \sin m(t - \beta)$, on a :

$$\frac{dV}{dt} = mB \cos m(t - \beta)$$

$$\frac{d^2V}{dt^2} = -m^2B \sin m(t - \beta) = -m^2V.$$

densateur, on pourra donner à ce coefficient telle valeur qu'on voudra.

Cette propriété a été utilisée dans plusieurs applications. On voit en particulier que si l'on donne à C une valeur telle que

$$L = \frac{1}{Cm^2},$$

la self-induction est annulée. L'équation (7) se réduit à $e = Ri$, c'est-à-dire que dans ce cas la relation qui existe entre e et i est la même que s'il s'agissait d'un courant continu.

Champ tournant. — L'adoption de la loi sinusoïdale n'a pas eu seulement pour effet de simplifier les formules ; elle a eu un autre résultat assez inattendu. C'est qu'elle a conduit à découvrir des propriétés nouvelles, qui eussent probablement passé inaperçues avec des formules plus compliquées.

Si l'on compare les relations (2) et (3) qui donnent e et i en fonction de t avec celles qui, d'après les idées de Fresnel, expriment la propagation d'un rayon lumineux polarisé dans un plan, on voit qu'elles ont la même forme dans les deux cas. Par conséquent, les déductions mathématiques faites de ces formules seront vraies dans un cas comme dans l'autre, bien que se rapportant à des phénomènes différents.

C'est ainsi que, si l'on superpose, dans un conducteur, deux courants alternatifs de même période, on obtiendra des interférences, et, suivant la différence de phase des deux courants, l'effet résultant pourra être moindre que l'effet obtenu avec un seul d'entre eux. Cette remarque déduite des interférences de la lumière permet d'expliquer une foule d'expériences en apparence paradoxales, que l'on peut réaliser avec les courants alternatifs.

Une des découvertes les plus curieuses qui ont été faites

dans cet ordre d'idées est celle du champ tournant due à Ferraris (1888).

On sait que, si l'on superpose deux rayons lumineux identiques, polarisés dans des plans rectangulaires et ayant entre eux une différence de phase de un quart de période, le rayon résultant est polarisé circulairement. Pour appliquer cette conséquence mathématique des formules aux courants alternatifs, considérons deux circuits semblables enroulés sur des cadres rectangulaires ayant même centre O et dont les plans se coupent à angle droit (fig. 3).

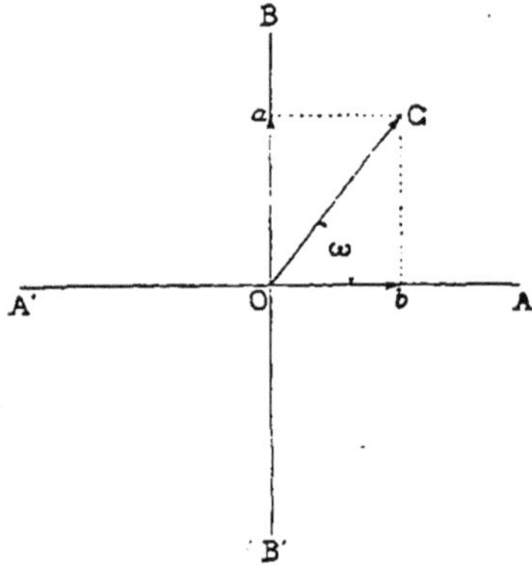

Fig. 3.

Soient AA', BB' les traces de ces plans sur celui de la figure. Nous supposerons ces circuits parcourus par deux courants alternatifs identiques, mais ayant entre eux une différence de phase de un quart de période, c'est-à-dire que si l'intensité dans AA' est représentée par

$$i = A \sin mt,$$

l'intensité i' du courant qui passe dans BB' s'obtiendra en remplaçant dans la valeur de i, t par $t + \frac{T}{4}$, ce qui donne

$$i' = A \cos mt.$$

Or, le courant i donne naissance à un champ magnétique dont l'intensité au point O est normale au plan du circuit AA'. Le champ étant d'ailleurs lui-même alternatif, on pourra le représenter par une droite dirigée suivant OB dont la longueur variera suivant la loi

$$Oa = a \sin m(t - \varphi),$$

φ représentant la différence de phase entre l'intensité du champ et celle du courant et a étant la valeur maxima de Oa.

De même le courant i' donne naissance à un champ magnétique alternatif dont l'intensité au point O pourra être représentée par une droite dirigée suivant OA. Les deux courants i, i', étant identiques, la valeur maxima de Ob sera encore a et la différence de phase entre le courant i' et le champ magnétique qu'il produit sera égale à φ. On aura donc

$$Ob = a \cos m(t - \varphi).$$

Pour avoir, à un instant donné t, la valeur du champ magnétique résultant au point O, il suffit de composer les deux intensités Oa et Ob prises à cet instant ; la résultante est alors Oc, dont le carré est égal à $\overline{Oa}^2 + \overline{Ob}^2$, c'est-à-dire à a^2.

L'intensité du champ magnétique produit par l'ensemble des deux courants est donc constante et égale à a. Quant à sa direction, elle varie avec le temps. Soit ω l'angle de OC avec OA, on a :

$$\operatorname{tg} \omega = \frac{cb}{ob} = \operatorname{tg} m(t - \varphi)$$

ou

$$\omega = mt - m\varphi.$$

L'angle ω varie donc proportionnellement au temps, c'est-à-dire que la résultante Oc est animée d'un mouvement de rotation uniforme autour du point O. Pendant la durée d'une période T, l'angle ω augmente de 2π, c'est-à-dire que l'intensité du champ fait un tour par période.

La rotation du champ a été mise en évidence par Ferraris en plaçant à l'intérieur des deux cadres un circuit fermé mobile ou simplement une masse métallique. Ce circuit est alors le siège de courants induits dus au déplacement du champ magnétique ; il se met par suite à tourner *dans le même sens* que le champ, en vertu de la loi de Lenz. C'est en somme l'expérience du disque d'Arago renversée.

Le principe du champ tournant a été appliqué industriellement dans la construction des moteurs électriques.

Courants polyphasés. — Dans l'expérience de Ferraris, le champ tournant est obtenu au moyen de deux courants ayant entre eux une différence de phase égale à $\frac{T}{4}$. D'une manière générale on peut réaliser un champ tournant au moyen d'un nombre quelconque de courants.

Imaginons n conducteurs rectilignes disposés suivant les génératrices d'un cylindre, ces génératrices étant équidistantes, de telle sorte que l'intervalle angulaire qui les sépare soit égal à $\frac{2\pi}{n}$. Si ces n conducteurs sont parcourus par des courants alternatifs identiques, mais ayant entre eux des différences de phases égales à $\frac{T}{n}$, on obtiendra encore un champ tournant, et il est facile de se rendre compte que l'intensité de ce champ est d'autant plus grande que n est plus grand.

Les courants alternatifs ainsi réalisés sont appelés courants *polyphasés*. Lorsque n est égal à 3, les courants sont dits *triphasés*.

Le cas particulier de l'expérience de Ferraris correspond en réalité à $n = 4$, car on peut considérer les côtés verticaux des cadres comme étant séparés et parcourus respectivement par des courants dont les intensités seraient

$$i_1 = A \sin mt,$$

$$i_2 = \text{A} \sin m\left(t - \frac{\text{T}}{4}\right) = \text{A} \cos mt,$$

$$i_3 = \text{A} \sin m\left(t - \frac{2\text{T}}{4}\right) = -\text{A} \sin mt,$$

$$i_4 = \text{A} \sin m\left(t - \frac{3\text{T}}{4}\right) = -\text{A} \cos mt.$$

Malgré leur complication apparente, les courants polyphasés présentent certains avantages sur les courants alternatifs ordinaires. En premier lieu, les moteurs électriques basés sur l'emploi du champ tournant ne contiennent pas d'organes destinés à établir les communications électriques entre les parties fixes et les parties mobiles (balais, collecteurs, etc.), ce qui rend les appareils plus robustes au point de vue mécanique. Mais le plus souvent, lorsqu'on a recours aux courants polyphasés, c'est en vue de mettre à profit une propriété spéciale à ces courants, qui est la suivante.

Si l'on considère n courants polyphasés, c'est-à-dire tels qu'entre l'un d'eux et le suivant la différence de phase soit égale à $\frac{\text{T}}{n}$, la somme des n intensités de ces courants prises au même instant est constamment nulle.

Les intensités des courants à l'instant t peuvent être représentées par les n équations

$$i_1 = \text{A} \sin m\left(t + \frac{\text{T}}{n}\right),$$

$$i_2 = \text{A} \sin m\left(t + \frac{2\text{T}}{n}\right),$$

$$i_3 = \text{A} \sin m\left(t + \frac{3\text{T}}{n}\right), \qquad (8)$$

. . . .

$$i_n = \text{A} \sin m\left(t + \frac{n\text{T}}{n}\right).$$

Il faut donc, pour démontrer la proposition ci-dessus, vérifier que la somme des n sinus qui entrent dans ces équations est constamment égale à 0, quel que soit t.

Cette vérification peut se faire en appliquant les formules de la trigonométrie. On peut se rendre compte immédiatement du résultat par une remarque empruntée à la mécanique rationnelle.

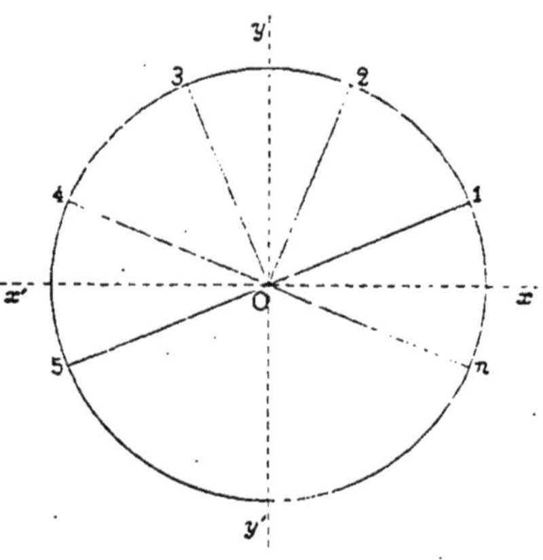

Fig. 4.

Une circonférence de rayon égal à l'unité (fig. 4) étant divisée en n parties égales, si l'on suppose que cette circonférence tourne autour de son centre O, de manière à faire un tour pendant le temps T, le diamètre xx' restant fixe, on voit que les angles de Ox avec les droites O1, O2... représentent à chaque instant les angles qui entrent dans les formules (8).

Supposons maintenant que les rayons O1, O2,... On représentent des forces appliquées à un point matériel placé en O ; il est évident que ces forces se feront équilibre, car leur résultante appliquée au point O est dans le plan du cercle et ne peut, par raison de symétrie, se trouver dans un secteur plutôt que dans un autre.

La somme des projections de ces forces sur un axe quelconque situé dans leur plan est donc nulle. Si l'on choisit comme axe le diamètre yy' perpendiculaire à xx', les projections des forces ne sont autre chose que les sinus des formules (8), ce qui démontre le théorème dont il s'agit.

Cette curieuse propriété des courants polyphasés permet de réduire le nombre des conducteurs nécessaires au transport des courants. En effet, pour n courants il faudrait théoriquement $2n$ conducteurs. La remarque précédente montre que ce nombre peut être réduit de moitié. Il suffit en effet de réunir à un point commun les extrémités des fils d'aller; l'intensité étant constamment nulle en ce point, on pourra supprimer les fils de retour.

Une étude complète des courants alternatifs exigerait des développements considérables et nous avons dû, dans ce qui précède, nous borner à en résumer les principales propriétés.

De plus, nous avons admis que toutes les fonctions périodiques qui entrent dans les formules suivent la loi sinusoïdale. Cette hypothèse n'est pas rigoureusement exacte, et de même qu'en acoustique le son fondamental est toujours accompagné d'un nombre plus ou moins grand d'harmoniques, de même les courbes représentatives des courants alternatifs comprennent en réalité un certain nombre de courbes secondaires qui se superposent, en la déformant, à la courbe simple que nous avons seule considérée.

Les relations que nous avons établies ne sont donc qu'approchées ; mais comme cette approximation est largement suffisante pour la pratique industrielle, ce sont néanmoins ces formules qu'il convient d'adopter dans la plupart des cas, en réservant seulement à certaines questions de théorie pure l'emploi de formules plus rigoureuses, mais en même temps plus compliquées.

CHAPITRE II

THÉORIE DE MAXWELL

Dans le chapitre précédent, nous avons exposé les principales propriétés des courants alternatifs indépendamment de toute hypothèse sur la nature de cet agent mystérieux que l'on nomme électricité. Nous nous proposons, dans ce qui suit, de résumer les idées émises sur le mécanisme intime des phénomènes par le physicien anglais Maxwell.

Au premier abord, une pareille recherche peut paraître stérile, du moment où l'on veut se borner aux applications, et il semble que l'ingénieur pourrait se contenter d'étudier les lois des phénomènes, en laissant au métaphysicien les recherches d'ordre purement théorique et spéculatif sur leur nature intime.

En réalité, il n'en est pas tout à fait ainsi. Bien que les causes premières doivent nous demeurer peut-être éternellement inaccessibles, et que nous ne puissions supprimer complètement les hypothèses, il y aura toujours avantage à reculer celles-ci le plus possible et à en déduire des principes généraux. Car, de ces principes peut résulter, par déduction, la connaissance de faits nouveaux, dont, sans cela, le hasard seul pourrait amener la découverte.

C'est ainsi que les travaux purement théoriques de Maxwell sur la nature de l'électricité et du magnétisme ont conduit, malgré les hypothèses nombreuses qu'ils contiennent encore, à cette application que l'on cherche à réaliser aujourd'hui sous le nom de télégraphie sans fil.

Le physicien anglais Clerk Maxwell (né en 1831, mort en 1879) était un élève de Faraday et, comme lui, il rejetait l'idée des actions à distance. Cette idée est, en effet, une de celles que l'esprit se refuse à admettre ; autant il est facile de concevoir des actions se propageant de proche en proche dans un milieu par des déformations successives de ce milieu, autant il est difficile d'admettre que deux corps puissent agir à distance l'un sur l'autre sans l'intervention du milieu interposé. La loi newtonienne n'implique pas d'ailleurs la réalité d'actions à distance et Newton lui-même disait :

« Que la gravité soit innée, inhérente et essentielle à la matière, de sorte qu'un corps puisse agir sur un autre corps à distance, à travers le vide et sans aucun autre intermédiaire, c'est pour moi une si grande absurdité qu'il me semble impossible qu'un homme capable de traiter des matières philosophiques puisse jamais y tomber [1]. »

Maxwell ne voyait donc dans les phénomènes électriques et magnétiques que des déformations du milieu interposé. Un nouveau fait expérimental vint confirmer ces idées d'une manière inattendue et fut ainsi le point de départ d'une théorie englobant à la fois l'électricité, le magnétisme et la lumière.

Ce fait fut la valeur que donnait l'expérience pour le rapport des unités électromagnétiques et électrostatiques. Nous rappellerons d'abord en quoi consiste ce rapport.

On sait que toutes les grandeurs électriques ou magnétiques peuvent être rattachées aux grandeurs mécaniques, de telle sorte qu'on peut les mesurer sans qu'il soit nécessaire d'avoir recours à d'autres unités arbitraires que les trois unités fondamentales de la mécanique, longueur, masse et temps. C'est le principe du système CGS (centimètre, masse du gramme, seconde).

Toutefois, ce rattachement peut se faire de plusieurs manières qui donnent lieu à autant de systèmes d'unités différents.

Considérons les trois grandeurs suivantes : une quantité

1. Lettre de Newton à Bentley, du 25 février 1691.

d'électricité Q, un pôle magnétique ayant une quantité de magnétisme q et un courant d'intensité i, que nous supposerons d'abord évaluées au moyen d'unités arbitraires. On a entre elles les relations ci-après :

La masse Q étant placée à une distance r d'une masse identique, il s'exerce entre ces masses une action f qui, d'après la loi de Coulomb, est

$$f = K\frac{Q^2}{r^2}. \qquad (1)$$

De même, la loi de Coulomb relative aux actions magnétiques nous donne

$$f' = K'\frac{q^2}{r^2}. \qquad (2)$$

Quant à l'intensité du courant i, on sait qu'elle représente la quantité d'électricité qui traverse une section du conducteur pendant l'unité de temps. Si t est le temps nécessaire au passage de la quantité Q, on a

$$Q = it. \qquad (3)$$

Enfin, une dernière relation est fournie par la loi de Laplace. Plaçons le pôle magnétique q au centre d'un conducteur circulaire de rayon r, parcouru par le courant i, l'action exercée sur un arc de ce conducteur ayant une longueur S est

$$f'' = K''\frac{qiS}{r^2}. \qquad (4)$$

Éliminant Q, q et i entre les quatre équations ci-dessus, il vient

$$\frac{\sqrt{ff'}}{f''}\frac{s}{t} = \frac{\sqrt{KK'}}{K''}. \qquad (5)$$

On sait que les coefficients K, K', K'' dépendent de la nature du milieu dans lequel se passent les actions. Si ce milieu est invariable, on peut les considérer comme de simples coefficients de proportionnalité purement numériques, dont la valeur ne dépend plus que des unités choisies pour mesurer Q, q et i.

Toutefois, si nous posons

$$\frac{\sqrt{KK'}}{K''} = u, \qquad (6)$$

l'équation (5) nous montre que pour un milieu donné, le nombre u est indépendant des unités électriques et magnétiques. Le premier membre, en effet, ne contient que des grandeurs mécaniques et en particulier ne dépend que de l'unité de vitesse. Si, au contraire, le milieu venait à changer, les actions f, f', f'' ne seraient plus les mêmes et le nombre u prendrait une autre valeur. On peut donc le considérer comme caractéristique du milieu où se passent les actions.

Supposons, pour fixer les idées, que ce milieu soit l'air; on peut débarrasser les calculs de deux des coefficients en les égalant à l'unité.

Dans le système électrostatique, on convient de faire

$$K = 1, \quad K'' = 1.$$

L'unité de quantité d'électricité est alors déduite de la relation (1); c'est la quantité qui, placée à l'unité de distance d'une masse égale, produit sur elle une action égale à l'unité de force.

L'unité d'intensité, déduite de (3), est l'intensité d'un courant tel qu'une section du conducteur soit traversée par l'unité de quantité d'électricité pendant l'unité de temps.

L'unité de quantité de magnétisme se déduit alors de la relation (4); c'est celle d'un pôle qui, placé au centre d'un arc de cercle de longueur égale à 1 et parcouru par un courant d'intensité égale à l'unité, subit une action égale à l'unité de force.

On voit que, dans ce système, le coefficient K' de la relation (2) doit être maintenu. Mais, comme l'unité de quantité de magnétisme et par suite la valeur du nombre q sont déterminées, il faut lui donner une valeur K', telle que l'équation (2) soit satisfaite.

D'autre part, l'équation (6) étant également satisfaite, quelles que soient les unités, si l'on fait

$$K = 1, \quad K' = K'_s, \quad K'' = 1,$$

il vient

$$K'_s = u^2.$$

Dans le système électromagnétique, on se donne

$$K' = 1, \quad K'' = 1,$$

c'est-à-dire que l'unité de quantité de magnétisme est déduite de la relation (2). C'est celle qui, placée à l'unité de distance d'une quantité égale, exerce sur elle une action égale à l'unité de force.

L'unité d'intensité de courant est alors déduite de (4). C'est l'intensité d'un courant qui, traversant un arc de cercle de rayon 1 et de longueur égale à 1, produit sur l'unité de masse magnétique placée au centre du cercle une action égale à l'unité de force.

La relation (3) nous donnera pour l'unité de quantité d'électricité, la quantité qui pendant l'unité de temps traverse une section d'un conducteur, lorsque ce conducteur est parcouru par un courant d'intensité égale à l'unité.

Si enfin on considère l'équation (1), on voit que le nombre Q étant déterminé par la définition qui précède, cette équation n'est satisfaite qu'à la condition de donner à K une valeur déterminée K_m.

En faisant, dans l'équation (6),

$$K = K_m, \quad K' = 1, \quad K'' = 1,$$

il vient

$$K_m = u^2.$$

Les deux systèmes étant ainsi définis, supposons qu'une même grandeur, une certaine quantité d'électricité, par exemple, soit mesurée successivement dans chacun d'eux. On obtiendra ainsi deux nombres Q_s et Q_m dont le rapport sera d'ailleurs l'inverse du rapport des unités correspondantes.

D'après ce qui précède, on aura

$$f = \frac{Q_s^2}{r^2} = K_m \frac{Q_m^2}{r^2} = u^2 \frac{Q_m^2}{r^2}.$$

De même l'équation (2), appliquée successivement aux deux systèmes, donnerait

$$f' = u^2 \frac{q_s^2}{r^2} = \frac{q_m^2}{r^2}.$$

Pour l'équation (3) on aura

$$Q_s = i_s t, \quad Q_m = i_m t;$$

et enfin, pour l'équation (4),

$$f'' = \frac{q_s i_s S}{r^2} = \frac{q_m i_m S}{r^2}.$$

Si, d'une manière générale, on désigne par le symbole [Q] l'unité qui sert à évaluer une grandeur Q, on déduira des équations précédentes

$$\frac{[Q_m]}{[Q_s]} = \frac{[i_m]}{[i_s]} = \frac{[q_s]}{[q_m]} = u.$$

Des expériences nombreuses ont été faites pour la mesure de u, soit en variant les méthodes de mesures, soit en opérant sur des grandeurs différentes. Les résultats ont été sensiblement concordants et donnent en moyenne : $u = 3 \times 10^{10}$.

Si l'on remarque que les unités sont rapportées au système CGS, qui comporte le centimètre comme unité de longueur et la seconde comme unité de temps, on voit que le rapport u est égal numériquement à la vitesse de la lumière, qui est de 300 000 km par seconde.

Maxwell se demanda alors si cette coïncidence était purement fortuite, ou bien s'il fallait au contraire y voir une conséquence de la théorie. Il fut ainsi amené à rechercher si, en précisant les idées de Faraday et en les traduisant en langage mathématique, il était possible de déduire des équations une théorie expliquant tous les phénomènes connus, y compris la valeur que l'expérience assignait au nombre u. C'est cette théorie que nous allons essayer de résumer.

Considérons un condensateur formé de deux armatures planes A et B, séparées par une lame d'air (fig. 5). Le

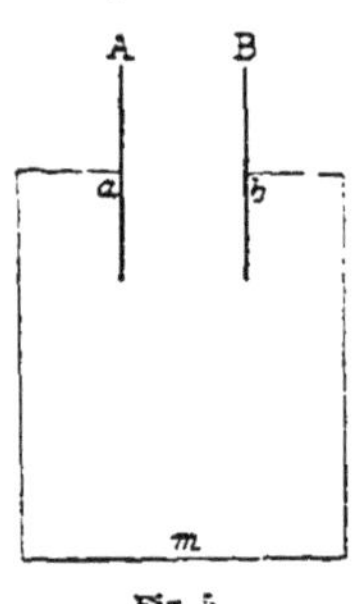

Fig. 5.

condensateur étant chargé, si l'on vient à réunir ses armatures par un conducteur *amb*, celui-ci est le siège d'un courant de faible durée et le condensateur se décharge.

Or, de nombreuses expériences ont démontré que le phénomène de la décharge ne se réduit pas seulement à ce courant, mais que le diélectrique qui sépare les armatures du condensateur doit également y jouer un rôle. Aucune des anciennes théories n'avait défini ce rôle et précisé la nature des phénomènes qui se passent dans le diélectrique pendant la décharge.

Pour Maxwell, ces phénomènes ne sont autre chose que des courants. D'après les anciennes idées, la présence d'un corps conducteur était considérée comme indispensable à la production d'un courant. Lorsque le circuit avait, comme le fil *amb*, ses extrémités isolées l'une de l'autre, ce circuit était dit *ouvert* et le courant n'avait que la faible durée nécessaire au rétablissement de l'équilibre électrostatique dans le conducteur.

D'après les idées de Maxwell, au contraire, les courants sont toujours *fermés* et, dans le cas ci-dessus, on doit considérer le circuit comme se complétant par le diélectrique qui sépare A et B, lequel est alors le siège de courants, tout aussi bien que la portion conductrice *amb*.

Toutefois, Maxwell admet que les courants n'ont pas la même nature dans les deux cas. Cela tient à ce que si tous les corps opposent une résistance au passage de l'électricité, cette résistance n'est pas la même suivant que l'on a affaire à un diélectrique ou à un conducteur. L'exemple suivant permet de saisir facilement cette différence [1].

Quand on bande un ressort, on rencontre une résistance croissante qui finit par faire équilibre à l'effort exercé. Lorsque la force cesse d'agir, le ressort restitue le travail dépensé pour le déformer.

Supposons maintenant que l'on déplace un corps dans l'eau, on éprouve encore une résistance qui dépend de la vitesse du déplacement, mais qui ne varie pas tant que cette vitesse reste constante. Le mouvement se prolonge tant que dure la force agissante ; mais si cette force cesse, le corps ne tend pas à revenir en arrière et tout le travail fourni a été transformé en chaleur par la viscosité de l'eau.

Il faut donc distinguer entre ce que l'on pourrait appeler la résistance *élastique* et la résistance *visqueuse*. La première caractérise les diélectriques, tandis que les conducteurs présentent la seconde.

D'où deux catégories de courants : dans les diélectriques, les particules électriques ne peuvent se déplacer que d'une petite quantité, variable suivant la nature du corps. Le mouvement de l'électricité se trouvant arrêté au bout d'un temps très court par la réaction élastique, on ne peut avoir que des courants de faible durée que Maxwell nomme courants de *déplacement*. En d'autres termes, les choses se passent dans le diélectrique comme si les courants de déplacement avaient pour effet de bander une foule de petits ressorts. Ces courants cessent lorsque l'équilibre

1. H. Poincaré, *Annuaire du Bureau des longitudes*, 1894 (notice A).

électrostatique est établi. Le travail accumulé, qui est l'énergie électrostatique, est restitué quand les ressorts peuvent se débander, c'est-à-dire lorsqu'on laisse les conducteurs obéir aux actions électrostatiques. Si la limite d'élasticité est dépassée, les ressorts se brisent et l'on a le phénomène de la décharge disruptive.

Dans les conducteurs, au contraire, l'électricité peut se déplacer à travers toute la masse, sans rencontrer d'autre obstacle qu'une résistance analogue au frottement. On a alors un courant dit de *conduction*, qui dure aussi longtemps que la force électromotrice qui lui donne naissance. Le travail fourni n'est pas, comme dans le cas précédent, emmagasiné sous forme d'énergie potentielle et il se retrouve dans le conducteur sous forme de chaleur.

On voit par ce qui précède qu'en chaque point d'un champ électrique, l'intensité H de ce champ doit être égale à la réaction élastique des particules d'électricité qui ont été écartées de leurs positions primitives.

Considérons la portion du champ comprise entre les deux conducteurs A et B (fig. 6). Menons par le contour de

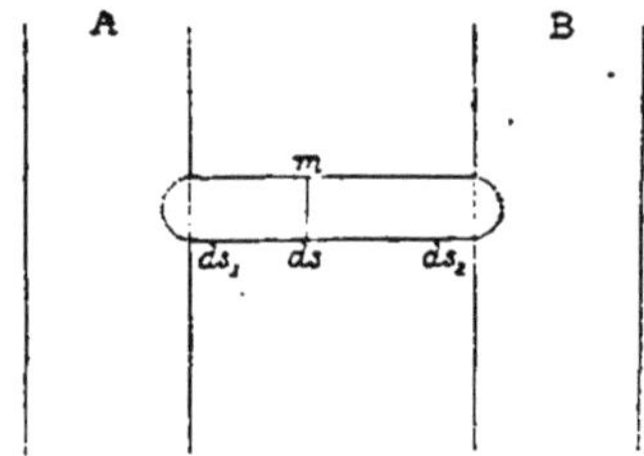

Fig. 6.

l'élément ds_1, pris sur A, une série de lignes de force dont l'ensemble forme une surface tubulaire (tube de force) qui découpe sur B un élément ds_2. Soient Q_1, Q_2 les charges portées par les deux éléments. Supposons que le tube de force se prolonge au delà de ds_1 et ds_2, pour se fermer par deux surfaces quelconques comprises à l'intérieur des conducteurs. En appliquant le théorème de Green au volume ainsi formé, on a

$$4\pi K (Q_1 + Q_2) = 0,$$

d'où

$$Q_1 = - Q_2.$$

. Les charges des deux éléments sont donc égales en valeur absolue ; désignons par Q cette valeur commune.

Maxwell en conclut que les déplacements des couches électriques se sont effectués dans le sens des lignes de force, chaque section du tube ayant été traversée par une même quantité d'électricité Q. Il définit alors le déplacement en un point m par la quantité d'électricité

$$\alpha = \frac{Q}{ds}$$

qui a traversé l'unité de surface, ds étant la section du tube au point m.

On sait que si H_1 est l'intensité du champ dans le voisinage de ds_1, on a

$$4\pi K Q_1 = H_1 ds_1.$$

Comme le flux de force est le même pour toutes les sections du tube, on a

$$H_1 ds_1 = H ds,$$

d'où

$$\alpha = \frac{H}{4\pi K}.$$

Pendant son déplacement, cette quantité d'électricité α a produit un courant dont la densité a, c'est-à-dire l'intensité par unité de surface, est représentée par la quantité qui traverserait l'unité de section pendant l'unité de temps. On a donc

$$a = \frac{d\alpha}{dt} = \frac{1}{4\pi K} \cdot \frac{dH}{dt}.$$

Maxwell admet que ce courant de déplacement, dans un diélectrique, possède les mêmes propriétés que les courants de conduction qui traversent les conducteurs. En particulier, il produira un champ magnétique et ses variations donneront naissance à des forces électromotrices d'induction.

D'autre part, on doit admettre, d'après ce qui précède, qu'une force électromotrice induite en un point de l'espace produira soit un courant de conduction, si le point considéré est occupé par un corps conducteur, soit un courant de déplacement, si ce point est occupé par un diélectrique.

Une perturbation électrique ou magnétique se traduira donc toujours par un courant. Dans un milieu diélectrique indéfini, ce courant produira, par induction dans son voisinage, des courants de déplacement qui agiront à leur tour sur les éléments voisins, de sorte que la perturbation se propagera de proche en proche avec une vitesse finie, sous la forme d'une onde analogue aux ondes du son ou de la lumière. Si la perturbation est localisée dans un espace restreint, cette onde devient sensiblement sphérique à une certaine distance.

Le calcul de cette vitesse de propagation dans le cas général exigerait des développements qui ne sauraient trouver place ici, car il faudrait exposer dans son ensemble la théorie de Maxwell, en vue d'établir les équations de ce qu'il nomme le champ *électromagnétique*, c'est-à-dire du champ double comprenant à la fois des forces électriques et des forces magnétiques. Nous nous contenterons d'examiner les cas particuliers qui se rapportent plus spécialement aux applications que nous avons en vue.

Considérons un conducteur rectiligne AB parcouru par un courant d'intensité I (fig. 7). Celui-ci produit un champ magnétique dont les lignes de force sont des circonférences ayant leur centre sur l'axe du conducteur et leur plan perpendiculaire à ce conducteur.

L'intensité du champ en chaque point de l'espace est fonction de I et de la distance x de ce point à AB. Par suite, toute variation dI produit en chaque point une variation de l'intensité du champ qui donne lieu à une force électromotrice d'induction. D'après ce que nous avons dit

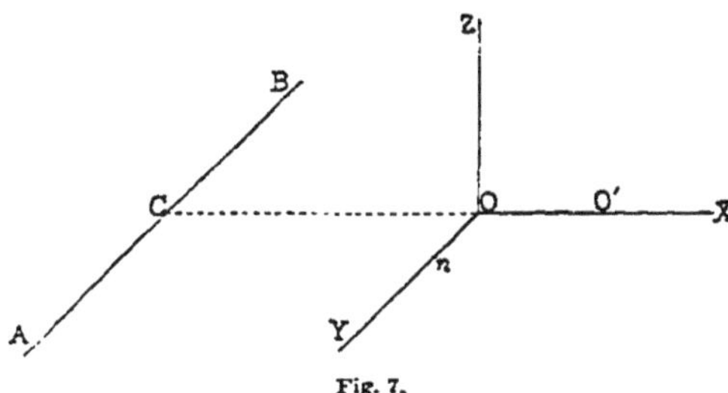

Fig. 7.

plus haut, cet effet ne se produira pas au même instant pour tous les points du champ et l'induction se propagera de proche en proche en commençant par les points les plus rapprochés de AB.

Soit O un point du champ situé à une distance $OC = x$ de AB. Menons OY parallèle à AB; l'intensité du champ magnétique au point O est alors dirigée suivant la normale OZ au plan xy.

Quant à la valeur h de cette intensité, elle est à la fois fonction de la distance x et du temps t.

Considérons en O un élément de volume $Omnp$ (fig. 8), dont les dimensions sont dx, dy, dz. Si h est la valeur de l'intensité du champ magnétique au point O, à l'instant t, cette valeur prise au même instant pour le point m sera :

$$h' = h - \frac{dh}{dx} dx.$$

La vitesse de propagation étant finie, c'est seulement au bout d'un temps dt que le champ h' au point m, ayant augmenté de $\frac{dh}{dx} dx$, aura acquis à son tour la valeur h. Le rapport $\frac{dx}{dt}$ représente alors la vitesse moyenne de propagation entre O et m.

Si le volume Omnp est occupé par un corps conducteur, il est le siège d'une force électromotrice e qui peut être

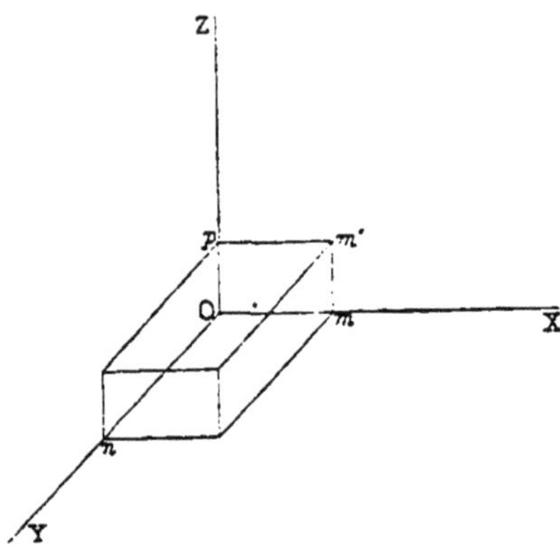

Fig. 8.

évaluée par la variation du flux de force magnétique qui l'a traversé pendant le temps dt. Cette variation de flux est égale au produit de la variation $\frac{dh}{dx}\,dx$ du champ par la surface $dx\,dy$, de sorte qu'on aura :

$$e = \frac{K''}{K'}\frac{dh}{dx}\frac{dx}{dt}\,dx\,dy.$$

Si, au contraire, l'élément de volume est occupé par le même diélectrique que le reste du champ, on a, dans cet élément, un courant de déplacement qui est encore dû à la force électromotrice e; seulement, dans ce cas, cette force électromotrice peut être considérée comme résultant de la variation d'une force *électrique* H, agissant dans le sens du courant, c'est-à-dire suivant Oy.

Si H représente la valeur de cette force à l'instant t, sa variation pendant le temps dt est $\frac{dH}{dt}\,dt$, et pour l'élément de longueur dy, elle est $\frac{dH}{dt} dt\, dy$. On traduira donc l'hypothèse de Maxwell en écrivant :

$$e = \frac{dH}{dt} dt\, dy$$

ou en remplaçant e par sa valeur :

$$\frac{dH}{dt} = \frac{K''}{K'} \frac{dh}{dx} \left(\frac{dx}{dt}\right)^2. \qquad (7)$$

Nous avons vu plus haut que l'intensité par unité de surface d'un courant de déplacement est :

$$a = \frac{1}{4\pi K} \cdot \frac{dH}{dt}.$$

Donc, dans un conducteur dont la section est $dx\, dz$, l'intensité i sera :

$$i = \frac{1}{4\pi K} \cdot \frac{dH}{dt} dx\, dz.$$

Remplaçant dans cette équation $\frac{dH}{dt}$ par sa valeur (7), on peut écrire :

$$4\pi K'' i = \frac{K''^2}{KK'} \left(\frac{dx}{dt}\right)^2 \frac{dh}{dx} dx\, dz. \qquad (8)$$

Or, le premier membre de cette équation représente le travail effectué par un pôle magnétique égal à l'unité qui décrit une courbe fermée autour du courant i ; c'est une conséquence de la loi de Laplace.

Si l'on suppose en particulier que le pôle décrit le rectangle $Omm'pO$, on pourra évaluer directement ce travail en considérant successivement chaque côté du rectangle. Dans Om et $m'p$, le travail est nul, puisque le déplacement est normal à la direction de la force.

L'intensité du champ au point O étant h, le travail suivant pO est hdz.

L'intensité du champ au point m étant $h - \frac{dh}{dx} dx$, le travail suivant mm' est $-dz\left(h - \frac{dh}{dx} dx\right)$.

Ce qui donne pour le travail total :

$$\frac{dh}{dx} dx\, dz = 4\pi K'' i.$$

Si l'on porte ce résultat dans l'équation (8), celle-ci se réduit à :

$$\left(\frac{dx}{dt}\right)^2 = \frac{KK'}{K''^2} = u^2.$$

La vitesse de propagation suivant OX est donc constante et égale à u ; sa valeur ne dépend que des propriétés électriques et magnétiques du milieu.

Si maintenant nous supposons le courant I alternatif, celui-ci va donner lieu à une série d'ondes se propageant à travers le diélectrique avec une vitesse constante et égale au rapport u des unités électromagnétiques et électrostatiques.

D'autre part, la mesure directe de u donne pour ce nombre une valeur égale à celle de la lumière dans le même milieu.

Une vibration électromagnétique se propageant dans un milieu donné avec la même vitesse qu'une vibration lumineuse, Maxwell en a conclu qu'il y avait, non pas seulement *analogie*, mais *identité* entre les deux phénomènes, et qu'une vibration lumineuse n'est autre chose qu'un courant de déplacement alternatif. Il assigne ainsi la même origine aux phénomènes électriques et lumineux, de sorte que quand nous mettons en mouvement une machine à courants alternatifs ou lorsque nous allumons une lampe, nous provoquons dans le milieu environnant des phénomènes de même nature.

La seule différence est dans la fréquence, c'est-à-dire le nombre des vibrations produites pendant une seconde. Si l'on prend, par exemple, la partie moyenne du spectre visible, la lumière jaune correspond à un nombre de vibrations par seconde $n = 6 \times 10^{14}$, soit 600 millions de vibrations en un millionième de seconde, tandis que les courants alternatifs industriels ne dépassent guère 100 périodes par seconde.

Malgré cette différence, la vitesse de propagation reste la même, car elle ne dépend que des propriétés du milieu, et l'on a toujours

$$u = \frac{\lambda}{T},$$

λ étant la longueur d'onde et $T = \frac{1}{n}$ la durée d'une vibration. C'est grâce à cette propriété que l'œil reçoit simultanément les radiations qui forment la lumière composée, bien que ces radiations aient des fréquences différentes.

La lenteur relative des vibrations électromagnétiques ne les empêche donc pas de se propager avec la vitesse de la lumière, mais elle les empêche de produire sur l'organe de la vue les mêmes sensations que les vibrations lumineuses. On sait, en effet, que dans la partie visible du spectre, la fréquence augmente du rouge au violet. Pour des fréquences plus faibles que celles de la lumière rouge ou plus grandes que celles de la lumière violette, la sensation lumineuse disparaît. Comme la fréquence des radiations rouges est encore de beaucoup supérieure à celle des vibrations électromagnétiques les plus rapides que nous sachions produire, il n'est pas surprenant que ces dernières soient sans action sur notre œil, tout en ayant la même nature que la lumière.

Malgré les progrès de la science, l'homme ne dispose encore que de moyens barbares pour produire la lumière, car il ne connaît pas pour le moment d'autre procédé que de prendre la chaleur comme intermédiaire. Pour communiquer à l'éther un mouvement vibratoire capable de produire ce que nous appelons les phénomènes lumineux, nous commençons par donner ce mouvement aux particules matérielles d'un corps solide ou gazeux en le portant à une température suffisamment élevée, et c'est ce corps qui, à son tour, provoque le mouvement des particules éthérées. Nous n'utilisons donc sous forme de lumière qu'une partie infime de l'énergie que nous avons dû dépenser pour produire d'abord de la chaleur. On voit par là quelle économie on réalisera le jour où l'on saura produire directement des courants alternatifs ayant la fréquence des radiations lumineuses.

Avant d'aborder l'exposé des vérifications expérimentales de l'hypothèse de Maxwell, nous dirons quelques mots de la manière dont celui-ci concevait le mécanisme intime des phénomènes.

Prenons d'abord les phénomènes magnétiques ; Maxwell admet que tout milieu susceptible de transmettre la force magnétique est constitué par la réunion de corpuscules ou cellules sphériques susceptibles de tourner. Sous l'influence de l'action magnétique, ces cellules prennent, autour des lignes de force comme axes, un mouvement de rotation dont le sens et la vitesse déterminent le sens et l'intensité de l'action.

Maxwell se représente donc un champ magnétique comme rempli de tourbillons moléculaires tournant tous dans le même sens et autour d'axes qui sont parallèles lorsque le champ est uniforme. Par suite du mouvement de rotation, ces tourbillons tendent à se contracter suivant l'axe et à se dilater suivant l'équateur. Les lignes de force tendent donc à se raccourcir en se repoussant latéralement : on retombe ainsi sur l'hypothèse par laquelle Faraday expliquait les actions magnétiques.

Mais cela ne suffit pas à rendre compte de la transmission de la force magnétique dans le champ, au moment où celui-ci est créé. On conçoit bien, en effet, qu'un corps animé d'un mouvement de rotation puisse entraîner un corps semblable placé à côté de lui ; mais les deux corps tourneront alors en sens inverse, tandis que, suivant l'hypothèse de Maxwell, tous les tourbillons tournent dans le même sens.

Il introduisit alors une nouvelle supposition : entre les cellules tourbillonnantes existent des particules sphériques pouvant rouler sans glisser et servant à transmettre le mouvement d'un tourbillon à un autre sans modifier le sens de la rotation.

Ces particules constitueraient l'électricité, et l'ensemble des cellules et des particules électriques ne serait autre chose que l'éther. Ainsi, pour Maxwell, l'électricité imprégnerait la masse de l'éther comme l'eau imprègne une éponge et l'éther, constitué comme on vient de le dire, imprégnerait à son tour les molécules matérielles, dont les dimensions seraient d'ailleurs considérables par rapport à celles des particules éthérées.

Le milieu hypothétique de Maxwell explique également les actions électriques. Il suffit pour cela d'admettre que dans les diélectriques les particules électriques ne peuvent subir que de faibles déplacements et sont arrêtées par les réactions élastiques qui correspondent à la force électrique en chaque point du champ.

Si, au contraire, on admet, comme nous l'avons dit plus haut, que dans les conducteurs les déplacements électriques n'éprouvent plus de résistance élastique, on aura l'explication des courants de conduction et en même temps des actions électromagnétiques et des phénomènes d'induction.

Prenons un conducteur cylindrique parcouru par un courant constant et considérons sa surface de séparation avec le diélectrique environnant. L'électricité qui se déplace dans le conducteur tend à entraîner celle du diélectrique, mais comme celle-ci ne peut abandonner les cellules, on voit que le courant aura pour effet de faire tourner chaque cellule autour d'un axe perpendiculaire au plan qui contient la cellule et le fil. Toutes les cellules situées sur un même cercle concentrique au fil se mettent donc à tourner et le mouvement se transmet de proche en proche, en donnant une série d'anneaux roulant à la façon d'un tore en caoutchouc qui se déplace le long d'un bâton.

Les axes des cellules représentant les lignes de force du champ magnétique, on voit que le courant doit produire un champ magnétique dont les lignes de force sont des cercles ayant leurs centres sur l'axe du fil.

On voit aussi que, par suite de l'élasticité, les particules électriques se déplaceront un peu avant de transmettre le mouvement, de sorte qu'en même temps que le champ magnétique, le courant produira des courants de déplacement, c'est-à-dire un champ électrostatique, ce qui est encore conforme à l'expérience.

Ces deux champs sont inséparables et toute variation de l'un se traduit par une variation de l'autre. Leurs intensités en un même point sont perpendiculaires l'une à l'autre ; car, d'après ce qui précède, l'intensité du champ électrique est parallèle au fil conducteur, tandis que l'intensité du champ magnétique est normale au plan formé par ces deux parallèles.

Nous venons de voir comment s'explique la production d'un champ magnétique par un courant. On expliquera tout aussi facilement la production d'un courant au moyen d'un champ magnétique, c'est-à-dire les phénomènes d'induction.

Le champ magnétique étant établi, si l'on y introduit un conducteur à l'état neutre, les cellules du diélectrique en contact avec sa surface extérieure entraînent l'électricité du conducteur. Il se produit donc un courant qui est d'abord superficiel et pénètre ensuite jusqu'à l'axe du conducteur. Ce courant est d'ailleurs temporaire, car le diélectrique ne fait que communiquer à l'électricité du conducteur une certaine vitesse qui est détruite peu à peu par la résistance de ce conducteur. On voit en somme que tout déplacement relatif du conducteur et du champ magnétique doit donner naissance à un courant : c'est le phénomène de l'induction.

Ces vérifications peuvent être étendues à tous les phénomènes électriques et magnétiques, de sorte que les hypothèses de Maxwell sur la constitution du milieu suffisent à expliquer tous les faits connus.

En faut-il conclure que ces hypothèses correspondent à la réalité ? Ce serait évidemment téméraire, car elles n'ont reçu aucune confirmation directe et rien ne prouve que des hypothèses tout à fait différentes ne rendraient pas aussi bien compte des phénomènes.

Si séduisantes que soient les hypothèses de Maxwell sur la constitution de l'éther, on ne peut méconnaître ce qu'elles ont d'artificiel, et c'est à coup sûr la partie de son œuvre qui est la moins solide.

CHAPITRE III

VÉRIFICATIONS EXPÉRIMENTALES

Parmi toutes les hypothèses faites par Maxwell pour expliquer les phénomènes électriques et magnétiques, il faut faire une place à part à la théorie électromagnétique de la lumière. Car, dans ce cas, les hypothèses dont nous avons plus haut indiqué l'origine ont reçu directement de l'expérience des confirmations inattendues, dont nous allons nous occuper maintenant.

Reportons-nous à la formule (6) ; si K, K', K" sont les coefficients des formules de Coulomb et de Laplace relatifs au vide, le nombre

$$u = \frac{\sqrt{KK'}}{K''}$$

représente la vitesse de la lumière dans le vide. Par conséquent, dans un milieu où les coefficients ont des valeurs K_1, K_1', K_1'', la vitesse de la lumière sera

$$u_1 = \frac{\sqrt{K_1 K_1'}}{K_1''}.$$

On en déduit

$$\frac{u}{u_1} = \sqrt{\frac{K}{K_1}} \sqrt{\frac{K'}{K'_1}} \cdot \frac{K_1''}{K''}.$$

Or, le rapport $\frac{K}{K_1} = p$ est ce que Faraday appelait le *pouvoir inducteur spécifique* du milieu par rapport au vide. Quant au rapport $\frac{K_1'}{K'} = \mu$, c'est ce que sir W. Thomson a nommé la *perméabilité magnétique* de ce milieu, celle du vide étant prise comme terme de comparaison.

D'autre part, si l'on admet avec Maxwell que le champ

magnétique dû à un courant a les mêmes propriétés que le champ produit par des aimants, le rapport $\frac{K_1''}{K''}$ est aussi égal à μ.

Il en résulte

$$\frac{u}{u_1} = \sqrt{p\mu}.$$

Le rapport $\frac{u}{u_1}$ des vitesses de la lumière dans le vide et dans le milieu considéré n'est autre chose que l'indice de réfraction n de ce milieu par rapport au vide ; de plus, pour tous les diélectriques, le vide compris, la perméabilité a sensiblement la même valeur ; il en résulte que *pour ces milieux* on pourra prendre $\mu = 1$, d'où

$$p = n^2.$$

C'est-à-dire que, pour les diélectriques, le pouvoir inducteur spécifique doit être égal au carré de l'indice de réfraction. C'est ce que l'on vérifie sur un grand nombre de diélectriques solides et liquides.

Pour quelques substances toutefois, l'accord semblait moins satisfaisant. Bien que la théorie ou même les difficultés d'expériences permettent d'expliquer ces écarts, ceux-ci n'en laissent pas moins subsister un certain doute. C'est au savant allemand Henri Hertz (mort en 1894, âgé de 36 ans) que l'on doit des expériences confirmant d'une manière beaucoup plus précise l'hypothèse hardie de Maxwell.

Le meilleur moyen de prouver l'identité des radiations électromagnétiques et des radiations lumineuses, c'est évidemment de montrer que l'on peut reproduire avec les premières tous les phénomènes que l'on obtient avec les secondes. Mais pour cela il était nécessaire d'avoir recours à un procédé opératoire différant de tous ceux qu'on avait employés jusque-là. On ne pouvait songer à utiliser les courants alternatifs ordinaires, car pour 100 périodes par seconde la longueur d'onde est $\lambda = \frac{300\,000}{100}$, soit 3 000 km. Un laboratoire, si grand qu'on le suppose, ne pourrait donc contenir qu'une faible fraction d'onde.

Il fallait donc chercher à réaliser des longueurs d'ondes qui fussent, sinon aussi courtes que les ondes lumineuses, du moins compatibles avec les dimensions que l'on pouvait donner aux appareils.

Pour y arriver, Hertz eut l'idée d'appliquer une propriété découverte en 1847 par Helmholtz qui, en étudiant la décharge des condensateurs, avait reconnu que, dans certains cas, celle-ci s'effectue par une série de décharges alternatives, de même qu'un pendule écarté de la verticale et abandonné à lui-même ne revient à sa position d'équilibre qu'après avoir effectué une série d'oscillations.

Cette propriété fut vérifiée expérimentalement par Feddersen et en 1853 sir W. Thomson en donna l'explication théorique suivante :

Soit un condensateur de capacité C dont on provoque la décharge en réunissant ses armatures par un conducteur ayant une résistance R et un coefficient de self-induction L ; nous supposerons la capacité de ce conducteur négligeable par rapport à C.

Si Q est la charge à l'instant t, le fil est parcouru à cet instant par un courant dû à une force électromotrice $\frac{Q}{C}$.

On a donc, pour l'équation du courant variable,

$$\frac{Q}{C} = Ri + L\frac{di}{dt}.$$

D'autre part, pendant le temps dt, une quantité dQ s'écoule à travers le fil ; donc

$$i = -\frac{dQ}{dt} \qquad \frac{di}{dt} = -\frac{d^2Q}{dt^2},$$

d'où

$$L\frac{d^2Q}{dt^2} + R\frac{dQ}{dt} + \frac{Q}{C} = 0. \tag{9}$$

Si l'on considère Q comme la variable, l'équation (9) est une équation linéaire à coefficients constants dont l'intégrale générale est

$$Q = Ae^{\rho t} + A'e^{\rho' t}, \tag{10}$$

ρ et ρ' étant les racines de l'équation

$$L\rho^2 + R\rho + \frac{1}{C} = 0. \tag{11}$$

Quant à A et A', ce sont deux constantes à déterminer d'après les conditions initiales. Pour $t = 0$, on a, en appelant Q_0 la charge au début,

$$A + A' = Q_0. \tag{12}$$

D'autre part, l'équation (10) différentiée donne

$$\frac{dQ}{dt} = \rho Ae^{\rho t} + \rho' A'e^{\rho' t},$$

qui, pour $t = 0$, devient

$$\rho A + \rho' A' = 0. \tag{13}$$

Des équations (12) et (13) on déduit

$$A = -\frac{Q_0\rho'}{\rho - \rho'}, \qquad A' = \frac{Q_0\rho}{\rho - \rho'}. \tag{14}$$

Deux cas sont à examiner, suivant que les racines de l'équation (11) sont réelles ou imaginaires.

Lorsque ces racines sont réelles, elles sont en même temps négatives. Donc à mesure que t augmente, la charge Q décroît et s'annule théoriquement pour $t = \infty$. Le courant qui parcourt le fil est toujours de même sens et le condensateur se décharge en une seule fois.

Si, au contraire, les racines sont imaginaires, on peut poser

$$\frac{1}{LC} - \frac{R^2}{4L^2} = m^2, \tag{15}$$

d'où

$$\rho = -\frac{R}{2L} + m\sqrt{-1}, \quad \rho' = -\frac{R}{2L} - m\sqrt{-1}$$

$$Q = e^{-\frac{Rt}{2L}}\left(Ae^{mt\sqrt{-1}} + A'e^{-mt\sqrt{-1}}\right). \tag{16}$$

Or, en considérant les développements en série des fonctions e^x, sin x et cos x, on démontre en algèbre la formule

$$e^{x\sqrt{-1}} = \cos x + \sqrt{-1}\ \sin x.$$

En faisant $x = mt$ et appliquant cette formule à l'équation (16), celle-ci devient :

$$Q = Q_0 e^{-\frac{Rt}{2L}}\left[A(\cos mt + \sqrt{-1}\sin mt) + A'(\cos mt - \sqrt{-1}\sin mt)\right].$$

Enfin, remplaçant A et A' par leurs valeurs (14), il vient, toutes réductions faites,

$$Q = Q_0 e^{-\frac{Rt}{2L}}\left(\cos mt + \frac{R}{2mL}\sin mt\right),$$

d'où l'on déduit, pour l'intensité du courant de décharge à l'instant t,

$$i = -\frac{dQ}{dt} = \frac{Q_0}{mLC} e^{-\frac{Rt}{2L}} \sin mt,$$

c'est-à-dire que ce courant est *alternatif*. La durée T d'une période complète est alors

$$T = \frac{2\pi}{m} = \frac{2\pi}{\sqrt{\frac{1}{CL} - \frac{R^2}{4L^2}}}.$$

On s'expliquera facilement ces résultats si l'on admet l'assimilation du diélectrique à un ressort tendu par la charge. Lorsque la cause de cette tension disparaît, le diélectrique revient en général, comme le ressort, à sa position initiale par une série d'oscillations.

Pour empêcher le ressort d'osciller, il faudrait opposer une résistance à son mouvement, par exemple en le plongeant dans un milieu visqueux. De même, on empêche les oscillations du diélectrique en présentant à la décharge du condensateur une résistance R suffisamment grande.

Ordinairement, lorsque l'on veut réaliser une décharge oscillante, on prend la résistance R assez faible pour que l'on puisse négliger le terme $\frac{R^2}{4L^2}$.

Les effets de la self-induction sont alors seuls à considérer et la durée T de l'oscillation se réduit à

$$T = 2\pi\sqrt{LC}.$$

On voit d'après ce qui précède que l'on pourrait réaliser des oscillations électriques en procédant de la manière suivante :

Deux sphères métalliques A et B isolées l'une de l'autre (fig. 9) et constituant un condensateur sont reliées aux

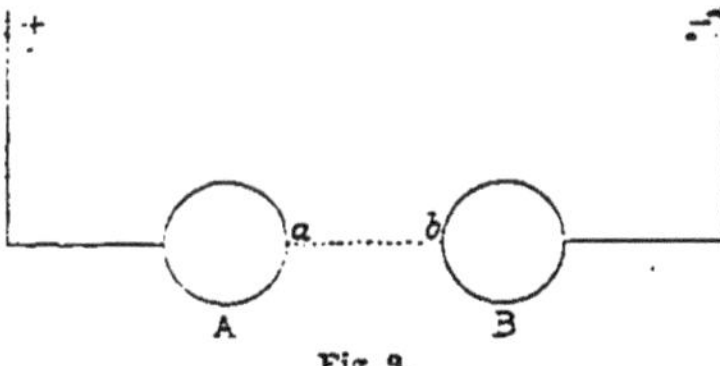

Fig. 9.

pôles d'une source d'électricité, bobine de Ruhmkorff ou machine électrostatique, qui établit entre elles une différence de potentiel.

Si on les réunit par un fil continu *ab*, ce fil sera le siège de décharges alternatives, pourvu que les dimensions de l'appareil satisfassent aux conditions indiquées par la formule (15).

En procédant ainsi, on n'obtiendrait qu'un phénomène de très courte durée, à peu près impossible à observer.

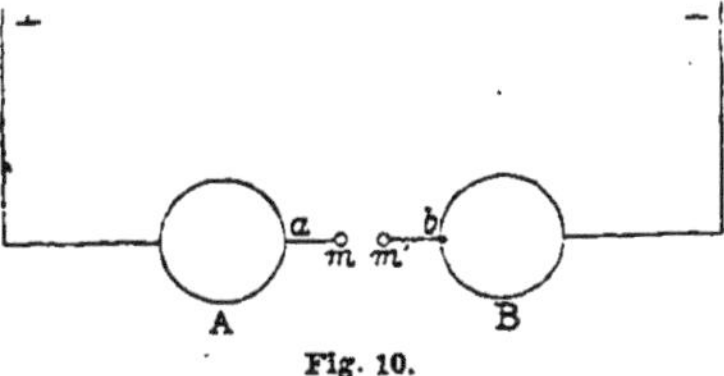

Fig. 10.

Pour tourner la difficulté, Hertz interrompit le conducteur *ab*, de manière à laisser en son milieu un petit intervalle *mm'* (fig. 10). La décharge s'effectue alors par une étincelle qui jaillit entre m et m', lorsque la différence de potentiel entre les deux sphères a atteint une valeur suffisante. Cette étincelle joue le rôle d'un conducteur reliant les deux sphères, avec cette différence qu'une fois la décharge effectuée, les sphères peuvent se charger à nouveau pour se décharger ensuite, de sorte que l'on obtient entre les points mm' une série de décharges oscillantes se succédant sans interruption aussi longtemps que la source fonctionne. Cet appareil constitue ce que Hertz a appelé l'*excitateur* ou l'*oscillateur*.

Quant à la durée des oscillations, on conçoit qu'on puisse la déterminer par la formule de Thomson, puisque l'on peut calculer directement les valeurs de L et de C en les déduisant des dimensions de l'appareil.

Dans ses premières expériences, avec des sphères de 0,30 m de diamètre, placées à 1,50 l'une de l'autre, Hertz obtint des oscillations dont la durée en secondes était $T = 1{,}77 \times 10^{-8}$; en admettant que ces oscillations se propagent avec la vitesse de la lumière, leur longueur d'onde serait de 5,30 m environ.

Bien que plus tard Hertz ait réussi à réduire la longueur d'onde, les radiations obtenues étaient encore trop lentes pour agir sur l'organe de la vue. Il fallait donc, pour les étudier, réaliser un instrument destiné à remplacer l'œil. Dans ce but, Hertz employa comme récepteur un circuit composé d'une seule spire de fil métallique

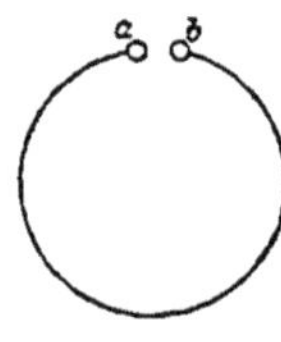

Fig. 11.

(fig. 11). L'anneau ainsi formé était interrompu et terminé à ses extrémités par deux petites boules a et b.

Cet appareil peut être considéré comme un condensateur dont les armatures seraient réunies en permanence par un arc métallique. Lorsqu'on l'introduit dans le champ, les variations de celui-ci donnent naissance à des forces électromotrices d'induction qui chargent le condensateur et, lorsque la différence de potentiel entre *a* et *b* est devenue assez grande, une étincelle jaillit entre les deux boules en déchargeant le condensateur. On aura donc en *ab* une série d'étincelles qui pourront servir à déceler l'existence du champ alternatif.

Ces étincelles seront elles-mêmes oscillantes, si les dimensions de l'appareil ont été convenablement choisies, de sorte que l'on aura entre *a* et *b* une série de décharges alternatives. On conçoit que ces décharges auront leur intensité maxima, si leur période est la même que celle des renversements du champ qui produisent les courants de charge ; car alors le condensateur se décharge en totalité par les étincelles et non par le fil qui réunit les armatures *a* et *b*.

On doit donc déterminer les dimensions du récepteur de manière que ces conditions soient remplies, c'est-à-dire en tenant compte de la période des oscillations fournies par l'excitateur. Le récepteur fonctionne alors à la façon d'un résonateur acoustique qui renforce seulement le son qu'il peut émettre directement. De là le nom de *résonateur*, donné par Hertz à son appareil récepteur des ondes électriques.

Le résonateur étant construit de manière à posséder son maximum de sensibilité, peut servir à explorer le champ et, suivant le degré d'intensité des étincelles, à indiquer comment varie ce champ en ses différents points.

Considérons en particulier un point *m* situé dans le plan de symétrie de l'excitateur (fig. 12). Les décharges oscillantes de *ab* produisent en *m* deux sortes d'actions : les unes électrostatiques, résultant des variations de charge des sphères A et B, les autres magnétiques, dues aux courants alternatifs entre a et b.

La force électrique en m est la résultante des actions exercées par les sphères A et B, dirigées respectivement

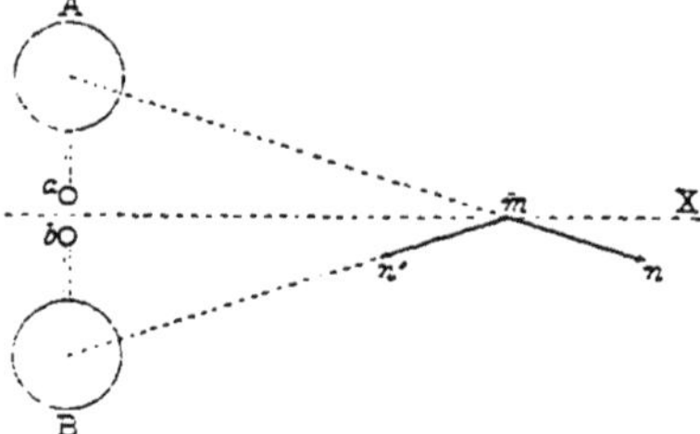

Fig. 12.

suivant Am et Bm. On peut d'ailleurs admettre que les charges de A et B sont à chaque instant égales et de signes contraires, c'est-à-dire que les deux composantes mn, mn' du champ électrostatique sont toujours égales entre elles et situées du même côté de mX. Leur résultante est donc constamment parallèle à AB.

Quant au champ magnétique produit par le courant dirigé suivant ab, on sait que ses lignes de force sont des circonférences ayant leur centre sur ab et dont le plan est normal à ab. La force magnétique au point m est donc dirigée perpendiculairement au plan ABm, que nous avons pris comme plan de la figure.

Les intensités des champs électrostatique et magnétique sont donc rectangulaires et leur plan est normal à la direction de propagation mX. Si, de plus, on examine de près le fonctionnement de l'excitateur, on se rendra compte facilement que les maxima d'intensité du courant ab correspondent aux minima de charge des sphères A et B, et réciproquement. Il en sera de même des intensités des deux champs alternatifs au point m, ce qui revient à dire que ces deux champs ont entre eux une différence de phase de un quart de période.

Ces divers résultats peuvent être vérifiés à l'aide du résonateur de Hertz. Menons par le point *m* trois axes rectangulaires *m*X, *m*Y, *m*Z (fig. 13) respectivement sui-

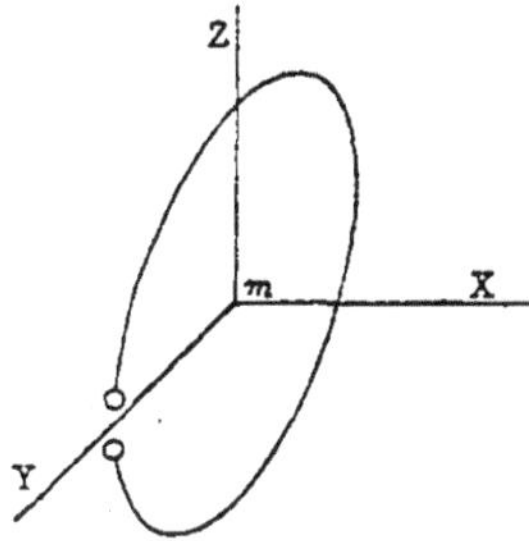

Fig. 13.

vant la direction de propagation, l'intensité du champ électrostatique et l'intensité du champ magnétique. Le centre du résonateur restant toujours en *m*, on pourra faire varier l'orientation du résonateur dans son plan et la position de ce plan.

Considérons d'abord les actions électrostatiques. Celles-ci seront nulles, si le plan du résonateur est perpendiculaire à la direction *m*Y des lignes de force du champ électrostatique. On doit donc rechercher l'effet maximum des actions électrostatiques en plaçant le résonateur dans le plan YZ, parallèle aux lignes de force. L'intensité de l'action dépend alors de la position de la coupure *ab*. Si cette coupure est sur *m*Y, comme dans la figure 13, les boules *a* et *b* ont constamment, par raison de symétrie, des potentiels égaux : il n'y a donc pas d'étincelles. Le maximum aura lieu, au contraire, si la coupure se trouve sur *m*Z.

Tant que le résonateur est dans le plan YZ, l'action du champ magnétique est nulle ; car on est alors sensiblement dans le même cas qu'un circuit fermé qui se déplace parallèlement à lui-même dans un champ magnétique uniforme. On peut donc ainsi étudier l'action due au champ électrostatique seul.

Pour obtenir l'action maximum due au champ magnétique, il faudra placer le résonateur perpendiculairement aux lignes de force de ce champ, c'est-à-dire dans le plan XY. Il ne sera plus nécessaire alors de tenir compte de l'orientation de la coupure, puisque, dans ce cas, les courants induits dans le résonateur ne dépendent que de la variation du flux de force qui traverse le circuit.

On voit, enfin, que si l'on place le résonateur dans le plan XY, qui est le plan de symétrie de l'excitateur, le résonateur est soustrait à la fois à l'influence des deux champs.

Une fois en possession de ces appareils, Hertz s'est préoccupé de mesurer par l'expérience la vitesse de propagation des ondes émises par l'excitateur. Il appliqua pour cela la méthode employée par Biot pour mesurer la vitesse du son dans les gaz. L'onde ayant parcouru un certain trajet, si on la réfléchit de manière à la faire revenir en arrière, l'onde directe et l'onde réfléchie interfèrent et il se produit des nœuds et des ventres. Il suffit alors de déterminer la position de deux nœuds consécutifs pour en déduire d'abord la longueur d'onde et ensuite la vitesse de propagation.

Pour produire la réflexion de l'onde électromagnétique, Hertz la recevait sur une surface métallique, normale au rayon. En déplaçant le résonateur le long de ce rayon, il constatait que les étincelles n'avaient pas partout la même intensité ; la position où cette intensité est minima correspond à un nœud, celle où elle est maxima correspond à un ventre.

Suivant l'orientation donnée au résonateur, on peut étudier séparément l'onde électrostatique et l'onde électromagnétique ; on reconnaît ainsi qu'elles ont la même vitesse de propagation, tout en ayant l'une par rapport à l'autre un retard d'un quart de période. De plus, on peut mesurer cette vitesse de propagation qu'Hertz indiqua comme très voisine de la vitesse de la lumière.

Les expériences présentaient toutefois de grandes difficultés provenant de ce que, l'amortissement des ondes électriques dans l'air étant très rapide, on ne pouvait opérer que sur de faibles distances. Pour augmenter la portée et en même temps le degré de précision des résultats, Hertz chercha alors à mesurer la vitesse de propagation des ondes, non plus dans l'air seul, mais dans des fils conducteurs.

La théorie montre en effet, indépendamment de toute hypothèse sur la nature intime des phénomènes, que la vitesse doit être la même dans les deux cas, à la condition toutefois que les oscillations soient suffisamment rapides. On sait que la résistance offerte par un conducteur au passage d'un courant alternatif est représentée par le radical $\sqrt{R^2 + m^2 L^2}$ que l'on nomme l'impédance. R est la résistance *ohmique*, qui ne dépend pas de la période et est la même que pour les courants continus. Quant au deuxième terme $m^2 L^2$, il dépend à la fois du coefficient de self-induction L et du nombre $m = \frac{2\pi}{T}$ qui est proportionnel à la fréquence. Il en résulte que si m est très grand, comme R est en général assez faible, le premier terme du radical peut être négligé et le conducteur peut être considéré comme un conducteur *parfait*, c'est-à-dire sans résistance. Les choses se passent alors comme si le courant était dû à des charges statiques se déplaçant à la surface du conducteur, sans pénétrer dans son intérieur.

Ces idées ont été développées par Heaviside et Poynting, qui considèrent un courant électrique comme ayant son siège, non pas dans le conducteur, mais dans le diélectrique qui l'entoure, du moins en ce qui concerne l'énergie transportée. Si la résistance du conducteur est nulle, cette énergie arrive tout entière à l'extrémité du conducteur, comme si celui-ci n'existait pas. Si, au contraire, la résistance du conducteur n'est pas négligeable, une partie de l'énergie transportée se diffuse dans le conducteur, où elle se retrouve sous forme de chaleur. On conçoit donc que si les variations du courant sont très rapides, cette diffusion n'atteint que les couches superficielles : lorsque les variations sont nulles, c'est-à-dire dans le cas du courant continu, la diffusion pénètre jusqu'au centre du conducteur et la totalité de l'énergie est transformée en chaleur.

Ces considérations, qui sont d'ailleurs conformes aux idées de Maxwell, permettaient à Hertz de supposer que la vitesse de propagation des ondes le long des fils conducteurs devait être la même que dans l'air, c'est-à-dire égale à celle de la lumière. Cependant l'expérience ne confirma pas ces prévisions et donna des vitesses notablement moindres que celles qu'indiquait la théorie.

Il semblait donc y avoir désaccord entre la théorie et l'expérience. Deux physiciens genevois, MM. Sarasin et de la Rive, indiquèrent la principale raison de ce désaccord. Pour obtenir la vitesse de propagation, Hertz mesurait directement la longueur d'onde, puis, au moyen de la formule de Thomson, il calculait la durée T de la période, d'après les dimensions de l'excitateur. Or, l'excitateur ne se compose pas seulement des deux boules entre lesquelles jaillissent les étincelles ; il est en réalité constitué par un circuit assez complexe, dans lequel doit intervenir la bobine d'induction, avec son interrupteur et son condensateur. La décharge comprend alors, non pas une oscillation unique de période bien déterminée, mais un ensemble d'oscillations de périodes différentes qui se superposent les unes aux autres.

C'est à ce phénomène que MM. Sarasin et de la Rive donnèrent le nom de *résonance multiple*, et ils constatèrent que, l'excitateur restant le même, il suffisait de faire varier les dimensions du résonateur pour faire varier en même temps la longueur d'onde. Ils en conclurent que parmi toutes les oscillations qu'il reçoit, le résonateur choisit celle qui correspond à sa propre période, de sorte qu'en réalité la longueur d'onde mesurée serait déterminée non par les dimensions de l'excitateur, mais exclusivement par celles du résonateur.

Peut-être cette conclusion est-elle trop absolue et il paraît difficile d'admettre que la valeur de T soit complètement indépendante des dimensions de l'excitateur. Il est incontestable, toutefois, que l'influence du résonateur doit être prépondérante, car en calculant la valeur de T uniquement d'après le résonateur, on obtient pour la vitesse de propagation dans les fils des valeurs très voisines de la vitesse de la lumière.

Quoi qu'il en soit, les travaux de MM. Sarasin et de la Rive furent le point de départ d'une nouvelle série de recherches, parmi lesquelles il faut citer les expériences faites en France par M. Blondlot. Adoptant l'idée que le résonateur seul détermine la valeur de T, M. Blondlot modifia la forme adoptée par Hertz de manière à pouvoir appliquer plus facilement la formule de Thomson au calcul de T.

Nous devons nous borner ici à indiquer les résultats de ces expériences, ainsi que de celles dont il sera parlé ci-après ; pour le détail des méthodes suivies et des dispositifs adoptés par les différents expérimentateurs, nous renverrons au rapport présenté par MM. Blondlot et Gutton au Congrès international de physique réuni à Paris en 1900.

Les premières expériences de M. Blondlot datent de 1891 ; en faisant varier les dimensions des résonateurs il trouva pour une série de douze expériences la valeur moyenne de 302 200 km par seconde.

Dans une nouvelle série de recherches faites en 1893, M. Blondlot chercha à déterminer la vitesse avec laquelle se propage le long d'un fil, non plus un mouvement oscillatoire, mais une simple perturbation électromagnétique, vitesse qui, d'après la théorie, doit aussi être égale à celle de la lumière.

Des expériences avaient déjà été tentées dans cet ordre

d'idées. En 1834, Wheatstone avait trouvé, à l'aide d'un miroir tournant, une vitesse de 460 000 km; en 1849, l'Américain Walker avait trouvé seulement 30 000 km. En 1850, MM. Fizeau et Gounelle, appliquant le procédé employé par Fizeau pour mesurer la vitesse de la lumière, obtenaient, pour la vitesse de l'électricité, 100 000 km dans le fer et 180 000 km dans le cuivre. Enfin M. W. Siemens, opérant en 1876 sur une ligne télégraphique en fer, trouvait pour le plus élevé de ses résultats 256 600 km.

En opérant sur des lignes de longueurs variées, M. Blondlot obtint une moyenne de 298 000 km, valeur voisine de celle qu'il avait obtenue dans le cas des oscillations. La théorie se trouvait donc vérifiée par des procédés entièrement différents.

En 1895, MM. Trowbridge et Duane obtinrent, pour la propagation des ondes le long d'un fil de cuivre, la vitesse de 300 300 km. En 1897, M. Clarence-G. Saunders trouvait 299 700 km. Enfin, en 1899 M. Mac Lean trouvait, pour la propagation des ondes dans l'air, 299 110 km.

Tous ces nombres présentent une concordance remarquable, de sorte que finalement l'expérience assigne des valeurs très voisines à ces trois grandeurs : le rapport des unités électromagnétiques et électrostatiques, la vitesse de propagation des ondes électromagnétiques et la vitesse de la lumière. Étant donnée la difficulté des mesures et le degré de précision qu'elles peuvent comporter, les écarts ne sont pas de nature à infirmer la conclusion de Maxwell, à savoir que ces valeurs sont non seulement voisines, mais égales. On conçoit cependant l'intérêt qui s'attache à toute vérification qui viendra augmenter la probabilité de cette conclusion.

Ainsi que nous l'avons dit plus haut, s'il y a identité entre les ondes électromagnétiques et les ondes lumineuses, on doit pouvoir reproduire avec les premières tous les phénomènes qu'on obtient avec la lumière. Déjà en étudiant la propagation, Hertz avait constaté la réflexion des ondes sur des surfaces métalliques planes. Après avoir vérifié que les lois de cette réflexion sont les mêmes que pour la lumière, il réussit à obtenir la concentration des ondes au moyen de miroirs concaves. Ceux-ci étaient constitués par la surface intérieure d'un cylindre parabolique en métal dont la ligne focale contenait l'excitateur. En plaçant un miroir semblable derrière le résonateur, Hertz put reproduire l'expérience des miroirs conjugués. Dans ce cas, le résonateur était formé de deux fils rectilignes situés dans le prolongement l'un de l'autre et terminés, aux extrémités en regard, par deux petites boules entre lesquelles se produisaient les étincelles. Le résonateur formait alors un condensateur dont les armatures restaient isolées l'une de l'autre.

Hertz put également produire la réfraction des ondes en employant un prisme en asphalte ayant 1,50 m de hauteur et dont la base était un triangle équilatéral de 1,20 m de côté.

Enfin, en recevant les ondes sur des réseaux formés de fils métalliques parallèles, Hertz put reproduire les principaux phénomènes de la polarisation rectiligne.

Les expériences de Hertz furent répétées dans tous les pays par un grand nombre de savants. Il faut citer en première ligne M. Lodge, en Angleterre, qui, sans avoir connaissance des travaux de Hertz, avait déjà obtenu des résultats analogues, en utilisant les ondes provenant de la décharge oscillante d'une bouteille de Leyde. Nous citerons ensuite les expériences de M. Lecher (1890), dont le dispositif a été adopté par Hertz pour étudier la propagation des ondes le long des fils, celles de M. J. J. Thomson pour l'étude de la propagation dans divers diélectriques[1], celles de M. Turpain (1897) sur les champs interférents et la propagation dans les diélectriques.

Mais les expériences les plus complètes faites en vue de

1. La *Lumière électrique* du 30 août 1890.

la reproduction de phénomènes analogues à ceux de l'optique sont celles de M. Righi qui, en outre des résultats déjà obtenus par Hertz sur la réflexion et la réfraction, réussit à reproduire, avec les ondes électromagnétiques, les expériences d'optique ci-après :

Expérience des deux miroirs de Fresnel et la production des franges d'interférence ; expérience du biprisme en employant un bloc de soufre ; diffraction par une fente étroite ou par le bord d'un écran. M. Righi constata également : la réflexion sur les diélectriques et l'application des formules de Fresnel à la réflexion sur les corps transparents, la production d'ondes elliptiques et circulaires, la réflexion totale, la polarisation par réfraction à travers une pile de lames de paraffine, etc.

Le phénomène de la double réfraction a été obtenu pour la première fois par M. Righi avec des lames de bois. Plus tard, on le réalisa avec des lames cristallines et en particulier avec le gypse. Le bois se comporte comme un biréfringent à un axe et rappelle les propriétés optiques de la tourmaline. On a pu faire avec le bois des lames demi-onde et quart d'onde.

Citons enfin les expériences de M. Lebedew, qui reconnut la double réfraction du soufre et réussit à construire un nicol en soufre pour ondes de 6 mm.

Dans toutes les recherches faites en vue de reproduire les phénomènes de l'optique au moyen des ondes électriques, les expérimentateurs se sont avant tout préoccupés de réduire les longueurs d'onde, afin de ne pas être obligés de donner aux appareils des dimensions exagérées. Hertz lui-même était entré dans cette voie et dans ses expériences sur la réfraction, il avait opéré avec des ondes de 0,66 m. ; mais il ne paraît pas qu'il soit descendu au-dessous. En modifiant la disposition de l'excitateur, M. Righi produisit des ondes de 25 mm. M. Bose, professeur à Calcutta, réussit à obtenir des ondes de 6 mm seulement, longueur qui a encore été abaissée par M. Lebedew.

Mais, en même temps qu'on diminue la longueur d'onde, on diminue considérablement la quantité d'énergie transmise, de sorte que l'on fut amené à rechercher, pour déceler les ondes électriques, des appareils plus sensibles que le résonateur primitif de Hertz. Ces recherches conduisirent à reconnaître que la présence des ondes peut être révélée par les procédés les plus divers. Il n'entre pas dans le cadre de cette étude de les décrire tous et nous renverrons aux classifications très complètes qui en ont été faites par M. le docteur A. Pochettino[1] et par M. Righi[2]. Nous nous contenterons d'en indiquer ici les principaux types.

Il faut signaler en premier lieu les appareils qui dérivent du résonateur de Hertz, composé d'un circuit circulaire avec micromètre à étincelles. M. Blondlot a adopté la même disposition, mais en donnant au circuit la forme d'un rectangle. Sur le milieu de l'un des grands côtés est intercalé un condensateur formé de deux plateaux placés en regard l'un de l'autre. Le micromètre est alors constitué par une boule et une pointe, soudées respectivement à chaque plateau et entre lesquelles jaillissent les étincelles.

Pour ses expériences sur la réflexion des ondes, Hertz avait employé la disposition que nous avons indiquée plus haut, et qui consiste à former le résonateur de deux fils placés dans le prolongement l'un de l'autre, les extrémités en regard étant séparées par un petit intervalle. On retrouve cette disposition dans le résonateur de M. Righi, qui obtient une très grande sensibilité en construisant l'appareil de la façon suivante : une mince couche d'argent formant une bande étroite est déposée sur une lame de verre, puis divisée en deux parties par un trait de diamant. C'est dans l'intervalle étroit ainsi réalisé que jaillissent les étincelles.

1. *L'Éclairage électrique*, tome XVIII, page 158.
2. Rapport au Congrès international de physique de 1900.

Une disposition heureuse est celle du résonateur à coupure de M. Turpain[1]. Le circuit est circulaire comme dans le résonateur de Hertz, mais en outre de l'interruption créée par le micromètre, ce circuit en porte une deuxième plus large dont on peut faire varier la position par rapport à la première. Ce dispositif ingénieux a été fécond en résultats et a permis à M. Turpain de réaliser une étude approfondie du champ hertzien.

Lorsqu'on diminue la longueur d'onde, les étincelles deviennent plus faibles et par suite plus difficiles à observer. Aussi un grand nombre des modifications apportées au résonateur de Hertz ont-elles eu pour objet de faciliter l'observation des étincelles. On peut, par exemple, les faire éclater dans un espace vide, tubes de Geissler, lampes à incandescence dont le filament est interrompu (Lecher, Borgmann, Drude, Zehnder, etc.).

Pour déceler la présence des étincelles devant un auditoire nombreux, on les a fait jaillir dans un mélange détonant de chlore et d'hydrogène (Lucas et Garret) ou bien devant un papier sensibilisé à l'iodure de potassium (Dragoumis). On peut enfin rapprocher de ces procédés destinés aux leçons publiques, celui du professeur Ritter, qui utilisait les contractions d'une grenouille préparée comme pour l'expérience de Galvani.

Dans les appareils que nous venons de citer, ce sont les étincelles jaillissant dans l'intervalle micrométrique du résonateur qui décèlent la présence des ondes électriques. Dans ceux dont il nous reste à parler, les expérimentateurs ont cherché à observer d'autres effets de la force électromotrice induite qui donne naissance à ces étincelles.

Un premier procédé consiste à observer cette force électromotrice elle-même à l'aide d'un électromètre. On peut ainsi étudier les ondes dans l'air (Blyth) ou bien le long des fils conducteurs (Franke).

---

1. *Comptes rendus*. 31 janvier 1898.

Ce procédé a été également appliqué par Hertz; mais dans ses expériences avec le dispositif de Lecher pour la propagation des ondes le long des fils conducteurs, il remplaçait l'électromètre par de simples circuits rectilignes ou circulaires, mobiles par rapport au système des deux fils. Les actions qui s'exerçaient en vertu de la loi de Lenz étaient alors mesurées par la torsion des fils de suspension.

On a aussi utilisé les effets thermiques des courants induits produits par les ondes pour déceler la présence de celles-ci. On peut d'abord mesurer l'allongement d'un fil disposé de manière à les recevoir (Gregory). On peut aussi mesurer la chaleur développée dans ce fil par le procédé du bolomètre ; c'est alors la variation de résistance électrique du conducteur que l'on observe (Rubens). Enfin, on peut remplacer le bolomètre par une pile thermo-électrique. C'est cette dernière disposition qui a été employée dans toutes les expériences de Lebedew.

Nous arrivons enfin à l'importante catégorie des tubes à limaille, désignés sous le nom de *cohéreurs*. En 1870, Varley avait eu l'idée d'employer, pour protéger les appareils télégraphiques contre la foudre, des poudres conductrices telles que les limailles métalliques. Par suite du peu d'étendue des points de contact, une semblable poudre présente une résistance électrique considérable et peut être considérée comme empêchant le passage d'un courant ordinaire, tandis qu'elle laisserait passer facilement une décharge à haut potentiel, telle qu'une décharge atmosphérique. Malheureusement Varley constata qu'après une forte décharge, les particules métalliques se trouvaient en contact intime et formaient une masse conductrice continue. On dut par suite renoncer à l'application que l'on avait en vue et les expériences ne furent pas poursuivies, le phénomène observé ayant été attribué simplement à la chaleur développée par la décharge.

C'est seulement en 1884 que le professeur Calzecchi-Onesti constata la diminution de résistance électrique d'une colonne de limaille métallique, sous l'action de faibles courants. La limaille était enfermée dans un tube de matière isolante portant à ses extrémités deux électrodes métalliques qui amenaient le courant. Les courants qui produisaient le phénomène étaient ordinairement des extra-courants ou des courants induits. Enfin le physicien italien reconnut qu'il suffisait de faire tourner d'une petite quantité le tube autour de son axe pour faire disparaître la conductibilité acquise temporairement par la limaille.

Mais c'est M. Branly qui, en 1890, signala le premier l'action exercée *à distance* par une décharge oscillante sur un tube à limaille. Il put d'ailleurs faire varier dans de très larges limites la grosseur des particules métalliques, depuis l'état pulvérulent jusqu'à des billes sphériques ayant plus d'un centimètre de diamètre. M. Branly fit aussi varier la nature des métaux employés et dans tous les cas il constata qu'une étincelle éclatant à une certaine distance du tube suffisait à le rendre conducteur, tandis que cette conductibilité disparaissait sous l'action de trépidations et surtout d'un choc brusque.

C'est M. Lodge qui le premier a montré le parti que l'on pouvait tirer des tubes à limaille comme indicateurs des ondes électriques. Selon lui, les ondes ont pour effet d'orienter les particules et, suivant son expression, de les *cohérer*, d'où le nom de *cohéreur* donné par lui aux tubes de Branly.

Ce qui est certain, c'est que, quand un cohéreur a été soumis à l'action des ondes, il est devenu conducteur et il ne peut être utilisé de nouveau qu'à la condition de recevoir un choc qui lui rende sa sensibilité primitive, en lui faisant perdre sa conductibilité. Aussi, pour pouvoir répéter les expériences de Hertz avec l'aide du tube de Branly, M. Lodge avait recours à l'artifice suivant. Le cohéreur était intercalé dans un circuit contenant un relais et une pile, et à l'état neutre la résistance de la limaille était assez grande pour que le courant de la pile ne fît pas fonctionner le relais. Dès que, sous l'action des ondes, la résistance du tube s'était abaissée, le relais était actionné et fermait un circuit local contenant une pile et un trembleur, par exemple une sonnerie dont le timbre était supprimé et dont le marteau venait frapper sur le tube. Celui-ci reprenant sa résistance primitive, le courant du relais cessait de passer et le circuit local s'ouvrait.

Le nom de cohéreur donné par M. Lodge au tube de Branly semble avoir prévalu, bien que M. Branly lui-même, qui n'admettait pas tout à fait l'explication de M. Lodge, ait proposé celui de *radioconducteur*. Nous examinerons plus loin en détail les différentes théories qui ont été émises pour expliquer le fonctionnement des tubes à limaille; mais avant d'aborder l'étude des divers organes qui constituent les appareils de télégraphie sans fil, il nous reste encore à montrer comment les expériences de Hertz, faites uniquement au point de vue spéculatif et en vue de vérifier les conceptions purement théoriques de Maxevell, ont eu cette conséquence inattendue de conduire, au point de vue pratique, à une application dont l'importance n'est pas à démontrer.

Nous avons dit que le premier, M. Branly avait constaté l'action exercée à distance par une décharge oscillante sur le tube à limaille. Mais dans ses expériences, comme dans celle de Lodge vérifiant les résultats de Hertz, cette distance restait limitée aux dimensions du laboratoire.

Ce sont les expériences faites en 1895 par M. Popoff, professeur à l'École de marine de Cronstadt, qui furent de nature à suggérer l'idée d'employer les ondes hertziennes pour transmettre des signaux télégraphiques.

Les expériences de M. Popoff, dont nous allons parler maintenant, avaient pour but l'étude de l'électricité atmosphérique. Plusieurs observateurs, entre autres M. Lodge, avaient émis cette idée que le plus souvent les décharges de la foudre doivent être oscillatoires. M. Popoff entreprit de vérifier ce fait en l'utilisant en même temps à enregistrer les décharges éloignées. Pour cela, l'une des extrémités du cohéreur était reliée à la tige d'un paratonnerre ou simplement à un fil métallique se relevant verticalement le long d'un mât; l'autre électrode du cohéreur était mise à la terre. Les deux électrodes étaient, en outre, reliées, suivant la disposition indiquée par Lodge, à un circuit comprenant une pile et un relais. La figure 14 représente

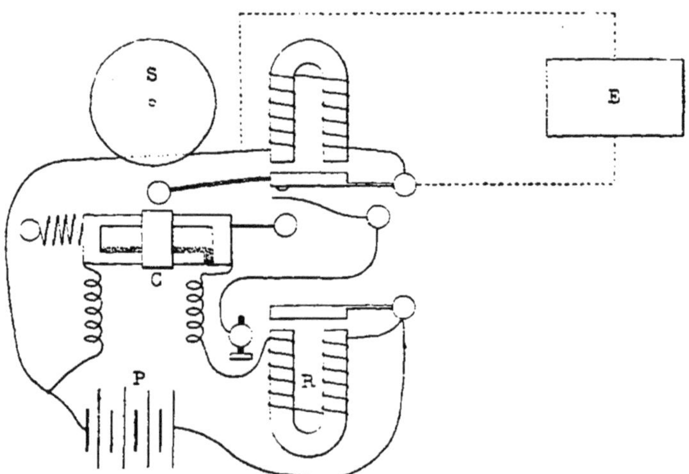

Fig. 14. — *Dispositif des expériences de Popoff.*
Légende. — C, cohéreur; P, pile; R, relais; S. sonnerie; E, enregistreur Richard.

le schéma de cette installation[1]. C est le cohéreur, sur les bornes duquel est branché le circuit contenant la pile P et le relais R; l'une de ces bornes est reliée à la tige verticale dressée dans l'atmosphere, l'autre est mise à la terre. Un deuxième circuit, contenant une sonnerie S et le contact du relais, était placé en dérivation sur le premier aux bornes de la pile. Le marteau de la sonnerie était disposé de telle façon qu'il pût frapper le cohéreur à chacune de

1. Voisenat, *Annales télégraphiques*, mars-avril 1898.

ses vibrations. L'inscription graphique était obtenue par un enregistreur Richard E, monté en dérivation sur la sonnerie.

Pour éviter les effets des étincelles de la sonnerie et du relais, le cohéreur était entouré d'une double enveloppe métallique dans laquelle était pratiquée une fente étroite permettant le passage des ondes à étudier. Sous l'action de ces ondes, le cohéreur était rendu conducteur et fermait le circuit des bobines du relais; l'armature de celui-ci était alors attirée et fermait à son tour le circuit de la sonnerie et de l'enregistreur. Le marteau de la sonnerie, étant attiré, donnait un coup sur le timbre, puis sur le cohéreur qui cessait alors d'être conducteur; le circuit des bobines du relais n'étant plus fermé, la palette du relais reprenait sa position normale et ouvrait ainsi les circuits de la sonnerie et de l'enregistreur, et ainsi de suite, tant que durait la production d'ondes à proximité. Quand elle cessait, tous les organes du dispositif reprenaient la position de repos.

Ainsi que nous l'avons dit plus haut, les expériences de M. Popoff n'avaient été instituées que pour l'étude de l'électricité atmosphérique, ce n'est que plus tard qu'il tenta à son tour d'appliquer les propriétés des ondes à la transmission des signaux.

Reportons-nous au dispositif de la figure 14; il est facile de voir que si l'on prend comme enregistreur un appareil Morse, il n'y a rien à changer à ce dispositif pour en faire un appareil télégraphique récepteur. Supposons, en effet, qu'au lieu d'enregistrer les ondes provenant des décharges atmosphériques, on reçoive sur le fil vertical, nommé *antenne*, des ondes produites artificiellement au moyen d'un excitateur placé à distance. Il suffira de produire au poste transmetteur des émissions longues ou courtes reproduisant par leurs combinaisons les signaux de l'alphabet Morse, comme on le fait pour la télégraphie optique; ces signaux viendront s'enregistrer sur le Morse récepteur et l'on aura réalisé une transmission télégraphique sans fil.

Les considérations qui viennent d'être exposées dans la première partie de ce travail avaient pour but de faire comprendre les principes théoriques sur lesquels repose la télégraphie sans fil. Dans les chapitres qui vont suivre, nous décrirons les appareils imaginés pour la mise en pratique de ces principes.

CHAPITRE IV

HISTORIQUE DE LA TÉLÉGRAPHIE SANS FIL

L'idée d'utiliser les propriétés des ondes électriques pour la transmission des signaux paraît appartenir au savant physicien anglais Lodge qui, dans une conférence faite en 1894, émit l'opinion que la présence d'ondes électriques, produites par la décharge d'un condensateur, pouvait être décelée, au moyen du tube de Branly, jusqu'à une distance d'un demi-mille de leur point de production. Mais aucune expérience ne fut tentée pour vérifier le fait.

En 1895 et 1896, M. Popoff employa le dispositif décrit page 65 pour déceler la présence d'ondes hertziennes dans l'atmosphère. Il émit ensuite l'idée que l'on pourrait, avec le même récepteur, recevoir des signaux Morse transmis par un ondulateur assez puissant.

Expériences de Marconi.

En 1896, M. Marconi, alors étudiant à l'Université de Bologne et élève du professeur Righi, réalisa le premier une communication télégraphique par ondes hertziennes. Le dispositif récepteur qu'il employait à cette époque, analogue à celui de Popoff, est semblable à celui qu'il utilise actuellement et qui est décrit plus loin. Toutefois, des perfectionnements de détail, mais d'une réelle importance, ont été progressivement apportés par lui au dispositif Popoff. Certains d'entre eux ne sont qu'imparfaitement connus, mais il est certain qu'ils ont permis à leur inventeur d'obtenir des résultats supérieurs à ceux qu'ont pu réaliser les expérimentateurs de tous pays.

Les expériences les plus intéressantes furent les suivantes :

En juillet 1897, à la Spezzia, des navires de guerre italiens furent munis d'appareils Marconi et purent communiquer avec la côte jusqu'à une distance de 16 km avec des antennes de 22 et 34 m.

En août 1898, le yacht royal *Osborne* put correspondre avec une station de la côte anglaise à une distance de 13,5 km, malgré l'interposition d'une haute colline.

Vers la même époque, en Angleterre encore, on put établir une communication à 50 km au moyen d'antennes maintenues par des ballons captifs.

De mars à juin 1899, eurent lieu les expériences à travers la Manche, qui sont décrites plus loin[1], au cours desquelles on put obtenir une communication en mer à 52 km, avec 31 m et 37 m d'antennes.

Enfin, en juillet 1899, de nouvelles expériences furent faites en Angleterre, au moyen de ballons captifs et à bord de navires de guerre. Un croiseur et un cuirassé, munis d'antennes ayant respectivement 53 m et 60 m, auraient pu correspondre à une distance de 112 km.

En 1900, M. Marconi aurait pu établir une communication entre deux stations distantes de 136 km avec 45 m seulement d'antennes. La ligne droite joignant les extrémités supérieures des deux antennes passait à 300 m au-dessous du niveau de la mer.

Enfin, d'après des publications récentes, le jeune inventeur aurait réalisé une double réception ou une double transmission dans une même antenne. Ce très intéressant résultat aurait été obtenu entre l'île de Wight et Poole, avec des antennes de 8 m de hauteur seulement, constituées par de larges cylindres de zinc.

1. Voir l'appendice (p. 119).

Expériences diverses.

Les premières expériences de Marconi eurent beaucoup de retentissement, et un grand nombre de physiciens de tous pays entreprirent des essais analogues.

M. Slaby, professeur à l'École supérieure technique de Charlottenbourg, put établir une communication à une distance de 21 km au moyen d'antennes soutenues par des ballons captifs militaires élevés à une hauteur de 300 m environ.

En 1898, M. Voisenat, ingénieur des télégraphes, obtint, dans les environs de Paris, une bonne communication à 10 km au moyen d'antennes de 40 m environ.

En 1899, MM. Lecarme établirent une communication entre le mont Blanc et Chamonix et obtinrent aussi de bons résultats au cours d'essais entrepris entre un ballon libre et la terre, jusqu'à une distance de 8 km et une hauteur de 800 m.

M. le lieutenant de vaisseau Tissot a pu échanger des télégrammes entre deux navires à une distance de 60 km environ, avec des antennes de 30 m seulement.

MM. Popoff et Ducretet purent correspondre à 56 km entre deux stations séparées par la mer.

Des résultats analogues furent obtenus également par MM. Slaby-Arco, Schœfer, Tommasina.

Enfin, nous avons pu, avec le concours de M. Blondel, établir, dans les environs de Paris, des communications correctes à une distance de 24 km avec des antennes de 27 m.

Il y a lieu de remarquer que les expériences faites en mer ont toujours donné des résultats notablement supérieurs à ceux obtenus à l'intérieur des terres.

CHAPITRE V

DESCRIPTION SOMMAIRE D'UNE STATION. — THÉORIES DE LA TÉLÉGRAPHIE SANS FIL. — SYSTÈMES DE SYNTONISATION[1]

Une station de télégraphie sans fil comprend deux parties, destinées l'une à la transmission, l'autre à la réception, ayant un organe commun : l'antenne.

Poste transmetteur. — La partie destinée à la transmission, ou poste transmetteur, se compose d'une bobine d'induction dans le primaire de laquelle sont intercalées une source d'énergie (généralement piles et accumulateurs) et une clef Morse. Les extrémités du secondaire sont reliées à deux boules excitatrices formant l'*oscillateur,*

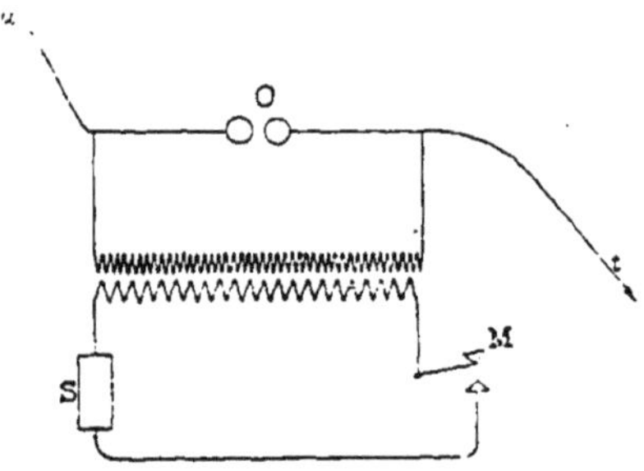

Fig. 15. — Poste transmetteur.

Légende. — **S, source d'énergie électrique ; M, clef Morse ; O, oscillateur ; *a*, antenne ; *t*, terre.**

et communiquant elles-mêmes, l'une avec l'antenne, l'autre avec la terre (fig. 15).

---

1. Pour la rédaction de ce chapitre et des suivants, de larges emprunts ont été faits aux rapports présentés au Congrès international d'électricité de 1900, par MM. Blondel et Ferrié.

Lorsqu'on appuie sur le manipulateur, le circuit primaire de la bobine est fermé et, sous l'effet de l'interrupteur (non indiqué sur le schéma), il se produit, dans le secondaire, des courants induits, qui chargent les boules excitatrices de quantités d'électricité égales et de signes contraires au même instant, avec une différence de potentiel variable avec le temps. Lorsque cette différence atteint une certaine valeur v, il se produit une décharge oscillante (v. p. 45). Cette décharge a lieu chaque fois que la différence de potentiel repasse par la même valeur v. On en aura donc une série, se succédant à des intervalles très rapprochés, grâce à la fréquence des courants vibrés, tant que l'on appuiera sur le manipulateur.

Ces décharges, comme on l'a déjà vu, engendrent dans l'antenne des oscillations électriques qui communiquent à l'éther ambiant un état vibratoire se transmettant dans tout l'espace.

On peut donc, en appuyant plus ou moins longtemps sur la clef Morse, envoyer dans l'espace de courtes ou longues séries d'ondes électriques, représentant des points et des traits et produisant par leur combinaison les signaux Morse.

Poste récepteur. — Le poste récepteur se compose essentiellement d'un cohéreur, dont les électrodes sont reliées d'une part à l'antenne et à la terre, et d'autre part aux extrémités d'un circuit contenant un élément de pile, un relais et deux bobines de self-induction. Le contact de ce relais commande deux autres circuits, comprenant, dans une partie commune, une pile de huit éléments et le contact du relais, et contenant en outre, l'un un trembleur destiné à décohérer le tube de Branly, et l'autre un appareil Morse (fig. 16)[1].

Les oscillations développées dans l'antenne par l'état

1. Lorsqu'on emploie des cohéreurs auto-décohéreurs (v. p. 106), le relais est remplacé par un écouteur téléphonique ; le tapeur, le Morse, et leur pile sont supprimés.

vibratoire de l'éther ambiant ne peuvent suivre le circuit dérivé du relais, grâce à l'impédance des deux bobines de self-induction; elles agissent sur le cohéreur et le rendent conducteur. Le circuit dérivé contenant les bobines du relais est alors fermé et les noyaux de celui-ci sont aimantés; la palette est attirée et ferme les circuits du Morse et du trembleur. Le marteau frappe aussitôt le tube sensible et le décohère : le courant cesse de passer dans les bobines du relais, et la palette, revenant au repos, rouvre les circuits du Morse et du trembleur.

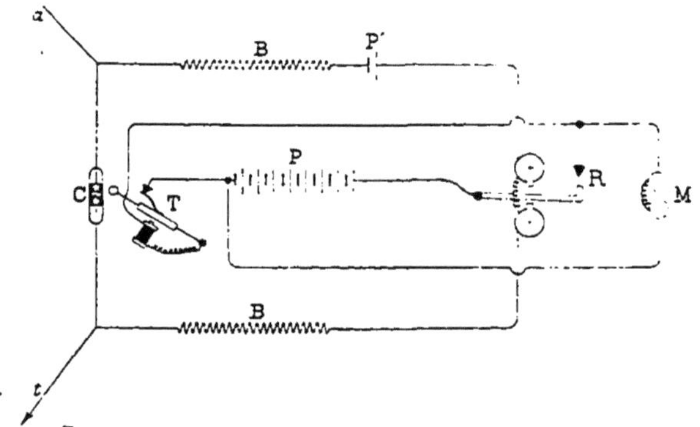

Fig. 16. — Poste récepteur.

Légende. — P, P', piles; C, cohéreur; T, trembleur; B, bobine de self-induction; R, relais; M, appareil Morse; *a*, antenne; *t*, terre.

Si des oscillations continuent à se produire dans l'antenne, le cohéreur est de nouveau actionné aussitôt après le choc du marteau: d'où nouvelle attraction de la palette du relais et fermeture des circuits du Morse et du trembleur. Et ainsi de suite, tant qu'il se produira des oscillations dans l'antenne, c'est-à-dire tant que le poste transmetteur enverra des ondes électriques.

Quand celles-ci cesseront, le cohéreur ne sera plus actionné après le choc du marteau, et les circuits du trembleur et du Morse resteront ouverts.

Si le transmetteur envoie une longue série d'ondes, cette série sera donc traduite sur la bande du Morse par une série de points correspondant à chacun des contacts de la palette du relais. Cette série de points est transformée en un trait par l'artifice suivant : un shunt de cinq cents ohms est placé (fig. 32) en dérivation sur le contact du relais et permet, par suite, le passage permanent d'un courant dans les bobines. Les noyaux de celui-ci ont donc en permanence une certaine aimantation qui, jointe à l'inertie de la palette du Morse, empêche celle-ci de se relever dans l'intervalle des points rapprochés produits par les contacts successifs de la palette du relais.

Si le transmetteur envoie une série courte, on aura un point sur la bande.

Les points et les traits des signaux Morse, produits par le manipulateur du transmetteur, seront donc enregistrés sur la bande du récepteur comme dans une installation télégraphique ordinaire.

Pour éviter que les étincelles d'extra-courant, provenant de la self-induction des bobines, du trembleur, du relais et du Morse, n'agissent sur le cohéreur et ne troublent ainsi la réception, M. Marconi place en dérivation, sur chacun des circuits de ces appareils, des shunts sans self-induction, destinés à absorber ces étincelles (fig. 32). Il place notamment un shunt sur les bobines du relais, pour éviter l'auto-excitation du cohéreur par la self-induction du relais. Cette précaution est très utile ; car, en examinant dans l'obscurité le fonctionnement d'un cohéreur placé dans le circuit d'un relais non muni de shunt, on peut constater la production d'effluves à chaque choc du marteau.

Théories de la télégraphie sans fil.

Un assez grand nombre de théories ont été émises pour expliquer les phénomènes utilisés par la télégraphie sans fil.

Quelques auteurs ont admis qu'il y avait induction mutuelle entre les deux antennes verticales. Cette explication est en défaut lorsque les antennes sont masquées l'une par rapport à l'autre par de larges accidents de terrain, et n'explique pas les grandes différences constatées entre les communications en mer et les communications à terre.

D'autres ont invoqué un effet de capacité électrostatique entre les antennes; mais, dans ce cas, les distances possibles de communication seraient très faibles.

Certains ont cru que la propagation se faisait seulement par ondes libres dans l'air, et d'autres, uniquement par conduction par la terre. Dans l'une et l'autre théorie, on ne s'explique pas l'influence de la hauteur d'antenne, influence qui est cependant très grande.

M. *Blondel* admet que le phénomène est un mélange de plusieurs effets dont l'un ou l'autre prédomine suivant le cas : tout d'abord l'antenne mise à la terre constitue avec celle-ci un oscillateur puissant, à côté duquel celui que constituent les boules du déflagrateur ne joue qu'un rôle négligeable. Cet oscillateur est à la fois très puissant par suite de sa capacité, et très efficace par la façon dont il polarise les ondes. Des oscillations électriques se produisent le long de l'antenne, à laquelle la force électrique est normale (fait confirmé expérimentalement par M. Tommasina au moyen de la photographie des effluves) et ébranlent l'éther voisin entre l'antenne et la terre. De là naissent des ondes qui se propagent dans tout l'éther environnant ; elles sont polarisées et de révolution autour de l'antenne. Les lignes de force électrique sont dans les plans méridiens et aboutissent normalement à la terre ; les lignes de force magnétique sont des cercles ayant l'antenne pour axe, et celles qui sont près du sol semblent glisser le long de sa surface.

Mais, par suite de cette polarisation et de l'effet de concentration bien connu dans la propagation des ondes le long des fils ou des surfaces métalliques, la densité électrique est plus forte à la surface du sol, directement reliée à l'oscillateur, que dans l'atmosphère. Cette concentration est d'autant plus grande que le conducteur est plus parfait et la perte d'énergie occasionnée par le glissement est d'autant plus faible.

Il en résulte qu'avec un sol sec, peu conducteur, la propagation le long de sa surface n'est pas beaucoup favorisée et que l'effet produit variera à peu près en raison inverse du carré des distances, comme dans toute propagation d'énergie dans l'espace à trois dimensions. Sur la mer, au contraire, la surface de celle-ci étant conductrice, on a affaire à un phénomène de propagation à deux dimensions, donnant lieu à peu près à une variation d'effet en raison inverse de la distance.

Cette théorie explique ainsi très simplement comment les signaux produits par un même poste émetteur ont une portée beaucoup plus grande sur mer que sur terre.

Mais cette concentration n'exclut pas la diffusion simultanée d'une partie importante de l'énergie par l'éther dans tout l'espace, sous forme d'ondes hémisphériques, dont les effets sont moins intenses qu'au voisinage du sol, mais néanmoins notables.

L'antenne réceptrice coupée aux divers points de sa hauteur par les lignes de force magnétique, propagées au voisinage du sol, est le siège d'une force électromotrice résultante, proportionnelle à l'intensité du champ et à la rapidité des oscillations qui agissent sur le cohéreur. Plus l'antenne est longue, plus elle coupe de lignes magnétiques ; à égale longueur, elle en coupe d'autant moins qu'on l'écarte davantage du sol ; autrement dit, la portée est plus grande à la surface du sol qu'à une certaine distance. Il n'est pas nécessaire que l'antenne de réception soit reliée au sol, mais la portée est augmentée dans ce cas par l'effet de conduction signalé ci-dessus.

Au contraire, M. *Righi*[1], reprenant une idée de M. *Della*

1. Congrès international de physique de 1900.

Riccia, affirme que les ondes émises sont certainement réfléchies par le sol et que l'effet observé dans l'appareil récepteur est celui qui résulte de l'interférence entre les ondes directes et les ondes réfléchies; la réflexion des ondes complète l'oscillateur en ajoutant à l'antenne existante son image électrique. Cette théorie, qui paraît confondre avec une réflexion réelle la théorie des images électriques[1], ne peut expliquer la communication obtenue par M. Marconi entre deux navires situés à une distance telle que la ligne joignant les extrémités des mâts passait à 300 m au-dessous du niveau de la mer. On peut, dans ce cas, admettre la propagation des ondes directes par diffraction dans l'air, mais il était impossible à des ondes émises par l'antenne d'un navire et réfléchies par la mer d'atteindre l'autre antenne.

La théorie de M. Blondel est certainement préférable.

L'antenne d'émission a en outre pour effet de donner, grâce à sa capacité et à sa self-inductance, aux vibrations une longueur d'onde suffisamment grande pour que les phénomènes de diffraction deviennent très sensibles et permettent la propagation d'un point à un autre, malgré l'interposition d'obstacles matériels assez élevés. En outre, l'amortissement des vibrations est beaucoup moins rapide qu'avec de courtes longueurs d'ondes. Il est difficile d'avoir une appréciation exacte de cette longueur d'onde. M. Marconi l'évalue à quatre fois la hauteur de l'antenne.

Syntonisation.

Dans le but de pouvoir réaliser, dans une même station, plusieurs communications simultanées et indépendantes, et pour obtenir, dans des stations et avec des moyens déterminés, des effets maximum, on a essayé de différen-

1. Blondel. Congrès de l'Association française pour l'avancement des sciences. Nantes, 1898.

cier suffisamment les mouvements vibratoires transmis et les circuits récepteurs, pour qu'une résonance électrique pût s'établir dans un circuit récepteur déterminé pour un mouvement vibratoire donné et non pour les autres.

Deux systèmes ont été proposés jusqu'à ce jour : le système Lodge-Muirhead et le système Blondel.

Le *système Lodge-Muirhead* essaie de réaliser cette résonance d'après la période des oscillations transmises.

La période des oscillations développées dans le circuit transmetteur est

$$T = 2\pi\sqrt{LC},$$

L et C étant la self-inductance et la capacité de ce circuit. Soient L', C' les mêmes éléments du circuit récepteur; les oscillations que ce circuit serait susceptible de produire, s'il était employé comme transmetteur, auraient pour période

$$T' = 2\pi\sqrt{L'C'}.$$

Les circuits transmetteur et récepteur sont dits *syntones* ou *synchrones* lorsque $T = T'$.

De même que dans les phénomènes acoustiques de résonance, il y aura résonance électrique entre le transmetteur et le récepteur, quand ces deux circuits seront syntones; les oscillations développées dans le récepteur sous l'influence des vibrations du milieu ambiant s'y produisent, dans ce cas, avec leur maximum d'amplitude, étant donnée la quantité d'énergie recueillie, et leurs effets sur le cohéreur seront également maximum.

En réalité, le phénomène n'est pas aussi simple: il se produit dans le circuit transmetteur, pendant les décharges du condensateur, une série d'oscillations différentes, par suite de la variation continue de la résistance due aux variations de l'étincelle oscillante qui jaillit entre les deux armatures pendant les décharges. Cependant, on peut admettre qu'il existe une oscillation principale d'énergie maximum, se produisant au commencement de chacune des décharges et définie par

$$T = 2\pi\sqrt{LC},$$

L et C étant la self-inductance et la capacité du circuit à l'état normal.

Le récepteur peut être actionné, même s'il n'est pas *syntonisé* avec le transmetteur, mais cette action sera beaucoup moins énergique et, par suite, la distance possible de communication se trouvera considérablement réduite.

De même qu'il est possible d'accorder une corde vibrante avec une autre, c'est-à-dire de la rendre susceptible de donner le même son qu'elle, en modifiant sa longueur, sa tension, etc., on peut, en modifiant la capacité et la self-inductance d'un circuit, le rendre syntone d'un autre circuit, en ne tenant compte que de l'oscillation principale. Il est donc possible, théoriquement, d'accorder un récepteur avec un transmetteur, ou inversement. De plus, il existe un grand nombre de solutions, puisqu'on peut agir sur deux variables, L et C.

Toutefois, l'impédance

$$\sqrt{R^2 + m^2 L^2},$$

qui agit sur l'amplitude des oscillations, à la façon de la résistance ohmique sur l'intensité dans le cas d'un courant continu, augmentant très rapidement avec la valeur de L, par suite du nombre élevé d'alternances m, il n'est pas possible d'augmenter L au delà de limites très restreintes.

Il y a lieu de remarquer cependant que l'étude des décharges oscillantes, au miroir tournant par exemple, a montré que les oscillations étaient très rapidement amorties. Il semble donc difficile de baser sur leur période un système de syntonisation.

Le dispositif pratique de MM. Lodge et Muirhead comportait de très larges plaques de ciel et une bobine de self-inductance dont on pouvait intercaler un nombre variable de spires.

Ce système fut essayé par M. Marconi, qui agissait à la fois sur la self-inductance et la capacité de l'antenne. Cette dernière action était obtenue par de larges filets métalliques disposés parallèlement à l'antenne et mis à la terre. Il intercalait, en outre, sur l'antenne, pour la réception, un petit transformateur spécial décrit plus loin (p. 112). Cet appareil jouerait un rôle dans l'établissement de la syntonie.

Les expériences faites par M. Marconi en 1899 avec ce dispositif ont été très encourageantes (p. 124), et de récents essais lui auraient permis de transmettre ou recevoir simultanément deux télégrammes distincts dans la même antenne. Son nouveau dispositif n'est pas connu.

M. Slaby serait aussi parvenu au même résultat par une méthode analogue, basée sur le même principe, mais beaucoup mieux développée, avec des fréquences très élevées, de l'ordre des ondes ordinaires des antennes.

Ce résultat serait obtenu en intercalant sur l'antenne d'émission, après l'oscillateur, un condensateur convenable, permettant la production d'ondes d'une longueur déterminée.

La syntonisation se fait, à la réception, en mettant l'antenne directement à la terre et en reliant la prise de terre au récepteur par un fil de longueur déterminée, de manière que la somme des longueurs de l'antenne et du fil auxiliaire (v. p. 113) soit égale à la moitié de la longueur d'onde qu'il s'agit de recevoir. Le cohéreur serait ainsi placé à un ventre d'oscillations, ce qui est sa meilleure position pour un rendement maximum.

On pourrait ainsi, avec des fils auxiliaires, convenablement calculés, recevoir simultanément plusieurs télégrammes transmis avec des longueurs d'onde différentes.

En particulier M. Slaby aurait réalisé deux réceptions simultanées de télégrammes transmis, avec des longueurs d'ondes dans le rapport de 3 à 1 environ, de stations distantes de 4 et 15 km.

Le fait de pouvoir mettre directement l'antenne à la terre permet d'utiliser comme antenne un conducteur quelconque relié au sol par construction : paratonnerre, mât en fer, etc. Les fils auxiliaires sont avantageusement enroulés en larges bobines comme des résonateurs Oudin (v. p. 113).

Système Blondel. — M. Blondel a indiqué, dès 1898, un autre procédé qui consiste à accorder ensemble non plus les fréquences des oscillations électriques propres du transmetteur et du récepteur, mais des fréquences artificielles beaucoup plus basses, tout à fait arbitraires et indépendantes des antennes, à savoir la fréquence des charges de l'antenne et celles des vibrations d'un récepteur sélectif tel que les monotéléphones de M. Mercadier.

Il suffit de maintenir la fréquence de l'interrupteur bien constante et égale à la fréquence propre du récepteur.

On peut employer, associé au téléphone, un détecteur anticohéreur ou un cohéreur à décohérence spontanée, tel que ceux au charbon de M. Tommasina (p. 106).

Chaque groupe d'ondes de haute fréquence, rapidement amorties, agit en bloc comme une simple percussion sur le téléphone à vibration lente ; celle-ci reste d'ailleurs sensiblement sinusoïdale, grâce à l'inertie.

On peut enfin, dans le récepteur, remplacer l'élasticité mécanique par une élasticité électrique, en ajoutant en dérivation une capacité telle que le circuit formé par le tube, le téléphone et le condensateur soit alors en résonance ou plutôt en pseudo-résonance avec le poste d'émission, et l'on peut en tirer parti, soit pour sélectionner les signaux avec un téléphone quelconque, soit pour renforcer l'effet sélectif d'un monotéléphone de même fréquence.

M. Blondel a également indiqué que l'on pouvait employer le même système avec des cohéreurs ordinaires, en faisant subir aux oscillations reçues une double transformation, le premier circuit étant sur l'antenne, le circuit intermédiaire étant en résonance électrique avec la fréquence de l'interrupteur de la transmission, et le dernier circuit contenant le cohéreur ordinaire et le relais.

Quel que soit le système employé, il sera toujours avantageux d'avoir, dans chaque station, autant de récepteurs, de transmetteurs et même d'antennes qu'il y a de stations correspondantes.

CHAPITRE VI

DESCRIPTION DÉTAILLÉE DES DIVERS ORGANES D'UNE STATION DE T. S. F. — ANTENNES, POSTE TRANSMETTEUR

Dans ce chapitre et le suivant, seront décrits les appareils et dispositifs employés par les divers expérimentateurs, en insistant spécialement sur ceux qu'utilisait M. Marconi au cours des expériences faites en 1899 dans la Manche et auxquelles l'un de nous a assisté.

Antennes.

Nature. — La nature des antennes paraît avoir peu d'influence sur les communications, au point de vue des résultats pratiques.

Nous avons expérimenté toutes sortes d'antennes, en fil nu ou fortement isolé, de faible section ou de très large surface (tuyaux en fer-blanc de 20 cm de diamètre), et nous n'avons pas constaté de différence bien sensible dans les communications.

Cependant, il semble y avoir avantage à employer des antennes fortement isolées et à large surface.

M. Marconi emploie généralement des antennes constituées par un câble formé de sept brins de cuivre de neuf dixièmes de millimètre de diamètre, recouvertes d'une couche de caoutchouc et de rubans isolants.

Suspension de l'antenne. — L'antenne doit être éloignée autant que possible des objets conducteurs ou semi-conducteurs, surtout pour la transmission.

La partie supérieure de l'antenne doit être enroulée, d'après M. Marconi, en cinq ou six spires de 40 à 50 cm de diamètre, reliées électriquement entre elles par l'extrémité dénudée du câble, que l'on a enroulée successivement sur chacune des spires en des points également dénudés (fig. 17). Ces spires sont quelquefois remplacées par un

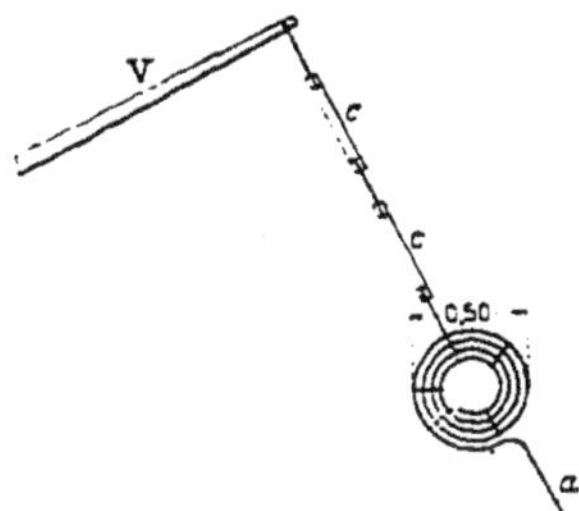

Fig. 17. — Mode d'attache de l'antenne.
Légende. — *a*. antenne; *c*, *c*, cylindre d'ébonite; V, vergue.

cylindre en treillis métallique de 50 cm de longueur environ, auquel le câble est relié électriquement.

La présence de cette capacité ou plaque de ciel est reconnue aujourd'hui être sans intérêt.

Les spires, ou le cylindre, sont attachées au moyen de cordelette paraffinée à une série de deux cylindres d'ébonite de 50 cm de longueur et de 4 cm de diamètre, l'extrémité libre du dernier étant fixée à l'extrémité d'une vergue placée à la partie supérieure d'un mât analogue à un mât de navire. Ce mât, formé de plusieurs parties que l'on met successivement en place, est solidement amarré au sol par des haubans (fig. 18).

Pour éviter que les effets de traction causés par le vent n'agissent sur les appareils auxquels est reliée l'antenne, celle-ci est fixée au sol ou aux bâtiments, 1 m ou 2 m avant son entrée dans la station, au moyen de cordelettes paraffinées, dans lesquelles sont intercalés des cylindres d'ébonite ou de porcelaine, qui assurent un bon isolement.

L'extrémité de l'antenne pénètre dans la station par une

ouverture faite dans un des carreaux d'une fenêtre ou dans une plaque d'ébonite mise à la place d'un des carreaux. Pour augmenter encore l'isolement, le câble est entouré de deux tubes de caoutchouc et d'un tube d'ébonite fixé au carreau par un tampon de gutta : les extrémités du tube d'ébonite sont également bouchées au moyen de gutta.

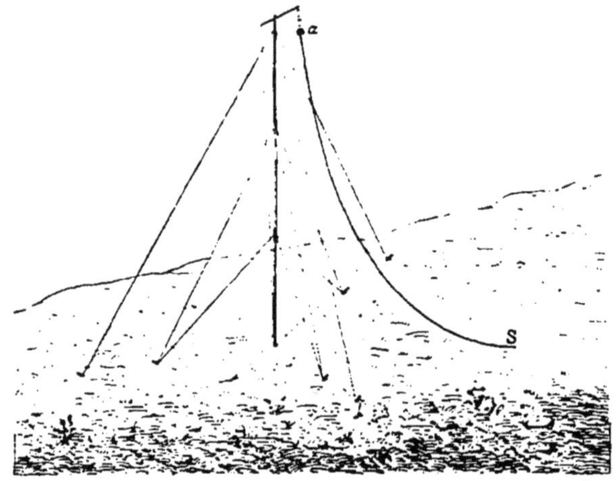

Fig. 18 — Mode d'amarrage du mât auquel est fixée l'antenne.
Légende. — *a*, antenne ; S, station.

Le mât peut être remplacé par tout autre support, arbre élevé, bâtiment élevé, escarpement naturel, ballons captifs, etc. Si l'on utilise des bâtiments ou des escarpements naturels, il est nécessaire de maintenir l'antenne à une distance de 6 à 10 m de son support.

L'inclinaison de l'antenne n'a aucun inconvénient, pourvu que la distance verticale entre ses extrémités soit assez grande pour la distance à franchir.

La hauteur à donner aux antennes de deux stations correspondantes est fonction de la distance et des moyens employés, suivant une loi indiquée plus loin.

Pour modifier la capacité de l'antenne, M. Marconi plaçait de part et d'autre de celle-ci des filets métalliques reliés à la terre et disposés comme il est indiqué dans la figure ci-après.

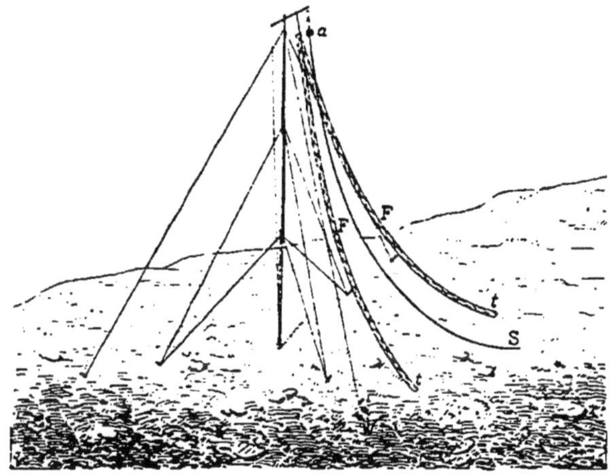

Fig. 19. — Filets métalliques disposés de part et d'autre de l'antenne.
Légende. — F, F, filets ; *a*, antenne ; S, station.

M. Slaby a récemment expérimenté avec succès des antennes dont la partie supérieure était mise à la terre par l'intermédiaire d'une bobine présentant une forte self-inductance et placée au point haut de l'antenne, mais en employant une organisation différente des stations (v. p. 80 et 113).

Lois des hauteurs d'antennes. — Il résulterait de nombreuses expériences faites par M. Marconi que, jusqu'à 40 km, avec les moyens qu'il employait, la loi qui lie la hauteur d'antenne et la distance possible de communication, en espace découvert, serait la suivante :

$$H = 0{,}15\sqrt{D},$$

H et D étant exprimés en mètres.

A partir de 40 km, la hauteur donnée par cette formule serait trop faible.

L'interposition d'obstacles de hauteur moyenne réduirait d'environ un tiers la distance possible de communication déduite de la formule ci-dessus.

Cette loi a été contrôlée par M. Gavey, du *Post-Office*.

Nous l'avons également vérifiée dans des stations placées dans les environs de Paris.

L'avantage d'avoir des antennes égales a paru assez faible, et les résultats étaient à peu près identiques lorsqu'on faisait varier simultanément les hauteurs des deux antennes en maintenant leur somme constante, ce qui n'est pas favorable à l'idée d'une syntonie.

Cependant, il y a une limite inférieure de hauteur au-dessous de laquelle on ne peut descendre ; elle a paru comprise entre 5 m et 10 m pour des distances inférieures à 25 km.

La loi devrait donc être complétée de la manière suivante :

$$h_1 + h_2 = 2\mathrm{H}$$

avec

$$h_1 \text{ et } h_2 > \lambda$$

$$\mathrm{H} = \alpha\sqrt{\mathrm{D}}$$

α étant fonction des moyens employés et en particulier de la longueur d'étincelle à la transmission.

Prises de terre.

Dans les stations qui ne sont pas au bord de la mer ou en mer, la prise de terre doit être à grande surface ; les conduites d'eau et de gaz conviennent très bien.

Il y a avantage, lorsque cela est possible, à prendre la terre à la nappe d'eau souterraine.

Poste transmetteur.

Bobines d'induction. — Un grand nombre de modèles de bobines d'induction et d'interrupteurs ont été essayés par les divers expérimentateurs. On peut conclure de tous ces essais qu'il y a intérêt à employer des bobines donnant, sur le condensateur formé par l'antenne et la terre, une étincelle aussi longue que possible, mais nettement oscillante. La plupart des bobines, quelle que soit la longueur d'étincelles (à partir de 25 cm) qu'elles donnent entre pointes, ne donnent plus que 3 à 6 cm d'étincelles oscillantes sur la capacité antenne-terre, par suite du débit assez notable qu'elles doivent fournir. Quelques-unes ne peuvent même pas supporter la mise à la terre de l'un des pôles du secondaire.

Nous avons obtenu d'excellents résultats avec la bobine unipolaire Rochefort, du modèle dit « transformateur de quantité », dans lequel le secondaire est formé de deux bobines seulement, couplées en quantité. Les deux extrémités du secondaire sont à des tensions très différentes ; on met à la terre celle de tension minimum. Ce type de bobine peut donner jusqu'à 90 mm d'étincelles oscillantes très régulières sur antenne-terre. Le condensateur du primaire est réglable.

M. Marconi emploie généralement la bobine du type App. Elle est munie d'un simple interrupteur à marteau très robuste et de large contact (fig. 20 et 21). Le modèle normalement employé peut donner 25 cm d'étincelles entre pointes.

Le condensateur destiné à absorber l'étincelle de rupture du primaire est logé dans le socle de la bobine.

D'autres expérimentateurs ont essayé des interrupteurs à marteau, à pilon, à mercure, à turbine, à contact tournant, etc. Tous sont à peu près équivalents, pourvu que leur construction leur permette un fonctionnement ininterrompu de longue durée.

Oscillateurs. — M. Marconi, étant un élève de M. Righi, a fait ses premiers essais au moyen de l'oscillateur Righi, composé de quatre boules, dont les deux intérieures sont de plus fort diamètre et plongées dans l'huile.

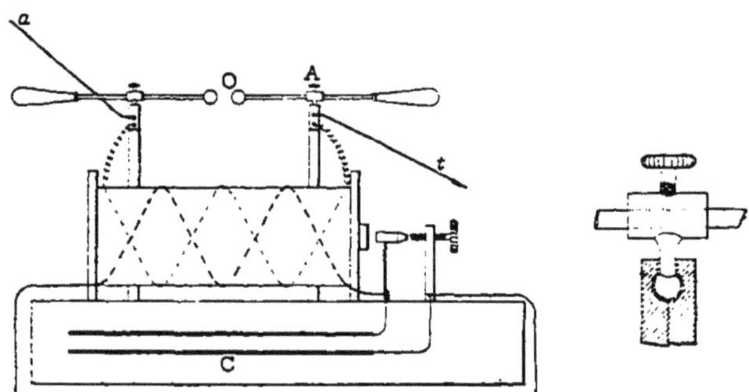

Fig. 20. — Bobine d'induction et oscillateur.
Légende. — C, condensateur de la bobine ; O, oscillateur.

Fig. 21. — Détail du genou A.

On a reconnu depuis que cet appareil ne présentait aucun avantage, car il joue le rôle d'un simple déflagrateur et n'importe quel autre exploseur à deux, trois, quatre boules, etc., placées dans l'air ou dans des liquides isolants, est équivalent. Les résultats dans l'huile sont même généralement moins bons qu'on ne pourrait le supposer, la résistance et le pouvoir inducteur spécifique du liquide baissant assez rapidement par suite de sa décomposition partielle et de la mise en liberté de parcelles de charbon. Cependant, nous avons été satisfaits de l'emploi d'un oscillateur Blondel à quatre boules alignées horizontalement, plongées dans du pétrole et suspendues à une baguette de verre par d'autres baguettes ou par des cordons de soie permettant de les déplacer pour régler la longueur des étincelles. La plupart des expérimentateurs, même M. Marconi, sont revenus à l'exploseur de Hertz à deux boules dans l'air; le platinage des boules ne paraît pas nécessaire, pourvu qu'elles soient polies de temps en temps au papier d'émeri.

L'oscillateur de M. Marconi est monté sur le même socle que la bobine. Il se compose de deux petites sphères de cuivre de 3 cm de diamètre environ, placées aux extrémités de deux tiges également en cuivre et terminées par des poignées isolantes. Ces tiges peuvent glisser dans des manchons munis de rotules, dont le logement est pratiqué dans des bornes situées à l'extrémité de colonnes isolantes et reliées au secondaire de la bobine. Les tiges peuvent être immobilisées dans une position quelconque au moyen de vis de serrage. Pour la transmission, les sphères de l'oscillateur sont maintenues à une distance de 3 cm environ l'une de l'autre.

Sources d'énergie électrique. — Dans la presque totalité des expériences faites jusqu'à ce jour, on a employé des courants continus fournis par des piles ou des accumulateurs. Cependant, M. Blondel a fait des expériences très intéressantes en employant des courants alternatifs et des transformateurs de 30 000 à 100 000 volts. Mais les résultats obtenus ne présentent pas une supériorité notable qui justifie la grande dépense d'énergie de ces dispositifs.

Les piles, se polarisant rapidement, quel que soit leur modèle, ne peuvent être employées que pour des expériences de courte durée et non pour un service régulier.

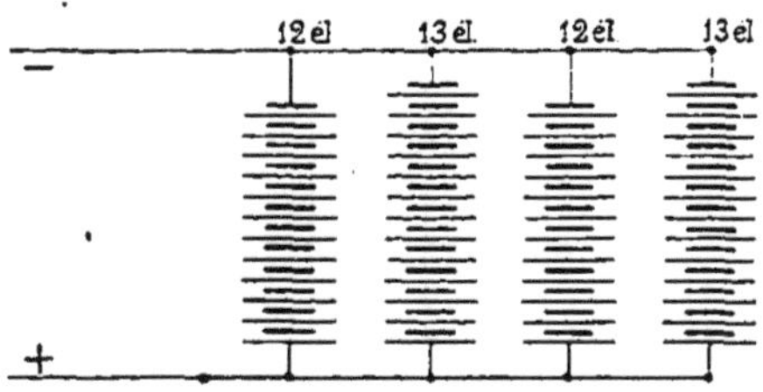

Fig. 22. — Batterie de cinquante éléments.

Il est préférable de faire usage d'accumulateurs. La bobine Rochefort, dont il est question plus haut, exige seize accumulateurs, auxquels il est bon de donner une capacité de 100 ampères-heures.

Pour une installation provisoire, M. Marconi emploie cinquante éléments montés comme il est indiqué par la figure 22.

Si l'installation doit être de plus longue durée, il préfère employer cent éléments pour éviter une usure rapide (fig. 23) et placer huit accumulateurs légers en dérivation.

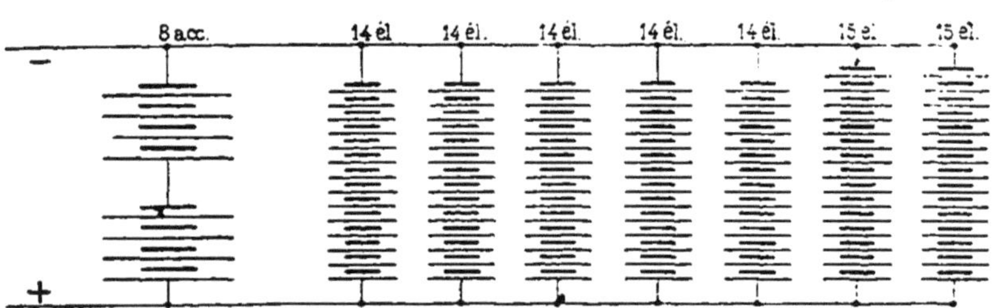

Fig. 23. — Batterie de cent éléments et de huit accumulateurs légers.

Les éléments employés sont du type sec Obach, grand modèle (f. é.-m. 1,5 volt environ, R. intérieure 0,15 ω) à réaction Leclanché, avec emploi de plâtre humide.

Les accumulateurs sont de modèle quelconque.

La figure 23 représente le montage du poste de Wimereux[1]. La différence de potentiel aux bornes du primaire est de 16 à 17 volts, et l'intensité dans ce circuit, de 6 à 9 ampères.

Clef Morse. — La clef Morse (fig. 24) est d'un type analogue à celui que l'on emploie dans les installations ordinaires, mais de formes plus robustes et de contact plus large. La poignée est formée d'une tige d'ébonite de 10 cm environ de hauteur, pour éviter tout contact accidentel de la main avec le circuit. Le jeu du manipulateur est réglé par une câme C mobile autour d'un axe par le moyen d'une poignée isolée P.

1. Voir page 119.

Il est préférable de remplacer les contacts platinés, qui s'usent rapidement, par un contact cuivre sur cuivre dans un godet plein de pétrole et de 4 à 5 cm de profondeur.

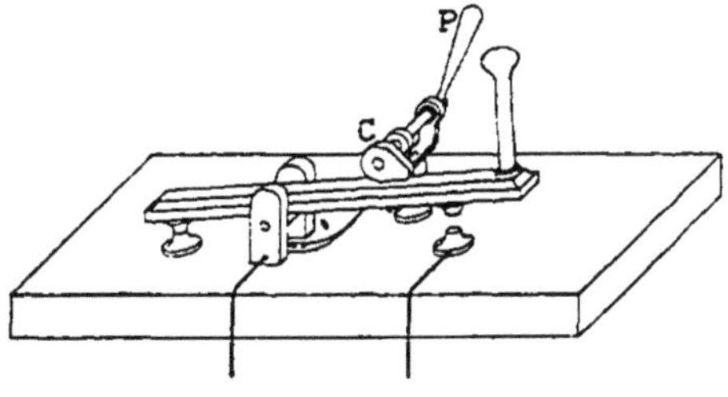

Fig. 24. — Clef Morse.

Clef-commutateur. — Pour éviter de rattacher successivement l'antenne au transmetteur et au récepteur, M. Marconi emploie quelquefois le dispositif suivant :

Le levier L de la clef Morse (fig. 25 et 26) est prolongé

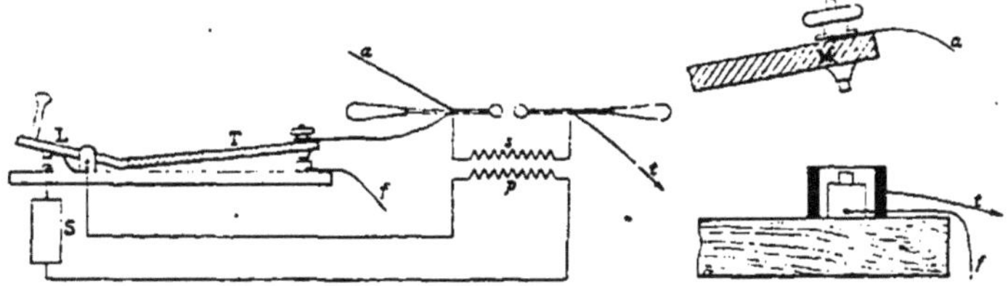

Fig. 25. — Clef-commutateur. Fig. 26. — Détail de l'extrémité de la tige.

Légende. — L, levier ; T, tige en ébonite ; S, source d'énergie ; p, bobine primaire ; s, bobine secondaire ; f, récepteur ; t, terre.

par une tige coudée en ébonite T, dont l'extrémité postérieure est traversée par une tige métallique M, munie d'une vis de serrage et d'un marteau. Au repos, celui-ci prend appui sur une enclume reliée à la borne ligne du récepteur. La vis de serrage est en communication avec l'antenne.

Pour éviter que des étincelles ne puissent jaillir accidentellement, pendant la transmission, entre le marteau et l'enclume dont il est question ci-dessus et, par suite, mettre le récepteur hors de service, cette enclume est entourée d'une gaine métallique plus élevée qu'elle et reliée à la terre. De plus, pour empêcher des oscillations de s'établir, pendant la transmission, dans le fil de connexion *f* de l'enclume au récepteur, ce fil est anti-inducté, c'est-à-dire recouvert, par-dessus la couche de gutta, d'une couche d'étain reliée à la terre.

Pendant la manipulation, la partie postérieure du levier est maintenue relevée, de manière qu'il y ait toujours un intervalle de 6 à 8 cm entre cette extrémité et l'enclume reliée au récepteur. La manipulation est un peu moins commode, mais il est facile de s'y habituer. Néanmoins, ce dispositif n'est pas à l'abri de toute critique.

Montage du poste transmetteur. — Il est commode de monter tous les appareils d'un poste transmetteur sur une sorte de tableau de distribution horizontal, comprenant un ampèremètre apériodique et un voltmètre pour la surveillance du courant primaire de la bobine.

CHAPITRE VII

DESCRIPTION DÉTAILLÉE D'UNE STATION DE T. S. F. (*Suite*)

POSTE RÉCEPTEUR. — COHÉREURS

Les premiers essais de télégraphie sans fil de M. Marconi ont été faits avec emploi des cohéreurs Branly. On a cherché depuis à utiliser d'autres détecteurs d'ondes; mais jusqu'à ce jour, aucun des appareils expérimentés n'a donné d'aussi bons résultats pratiques que les tubes Branly. On trouvera ci-après la description, le fonctionnement et des essais de théorie de ces divers instruments.

Cohéreurs ou radioconducteurs Branly.

Expériences de Branly[1]. — Bien que certains physiciens, tels que Varley et Calzecchi-Onesti, aient pressenti certaines propriétés électriques des limailles métalliques, c'est à M. Branly que revient incontestablement l'honneur d'avoir mis en lumière, en 1890, l'influence des ondes hertziennes sur la conductibilité des limailles métalliques.

Son expérience fondamentale fut la suivante :

« Si l'on forme un circuit comprenant un élément Daniell, un galvanomètre à long fil et un tube à limaille (formé d'un tube en verre ou en ébonite contenant une certaine quantité de limaille métallique comprise entre deux cylindres métalliques), il ne passe le plus souvent qu'un courant insignifiant; mais il y a une brusque diminution de résistance, accusée par une forte déviation du galvanomètre, quand on vient à produire, dans le voisinage

1. Branly. Congrès international de physique de 1900.

du circuit, une ou plusieurs décharges électriques. L'action peut être constatée à plus de 20 m, à travers des cloisons et des murs. Les variations de résistance sont considérables ; elles sont, par exemple, de plusieurs millions d'ohms à 2000 ou même à 100, etc. La diminution n'est pas passagère. »

M. Branly répéta cette expérience avec toutes sortes de corps conducteurs et dans des conditions variées ; il constata qu'elle pouvait être réalisée, avec plus ou moins de facilité, en employant toutes les limailles et grenailles métalliques, des métaux réduits et porphyrisés, des mélanges de poudres métalliques et de poudres isolantes, des poudres de quelques oxydes et sulfures métalliques, des plaques d'ébonite métallisées, des crayons solides formés de poudres métalliques agglomérées par la fusion d'une substance isolante, etc., etc.

Les mêmes résultats furent obtenus avec des colonnes de billes ou de disques métalliques, ayant plusieurs centimètres de diamètre et avec deux corps conducteurs de forme quelconque posés l'un sur l'autre.

En exerçant sur la limaille, les grenailles ou les billes une pression à l'aide de poids graduellement croissants, on arrive souvent assez vite au point où l'influence électrique peut s'exercer.

Si l'on intercale un tube à limaille dans un circuit contenant une grande force électromotrice, l'effet produit est le même que celui des ondes hertziennes. Et, en particulier, si l'on règle la pression de la limaille de telle façon que sa résistance soit très considérable et que le galvanomètre soit à peine dévié, et si l'on fait passer dans ce tube, après l'avoir retiré de son circuit, le courant d'une pile de 25 volts, la résistance du tube diminue. On constate le fait en replaçant le tube dans son circuit initial et en mesurant la déviation du galvanomètre. On recommence avec une pile de 50, puis de 100 volts, et on constate, après chaque opération, une augmentation de la déviation dès que le tube est replacé dans son circuit. Pour bien montrer qu'il s'agit d'une poussée due à la force électromotrice, on a eu soin d'intercaler dans le circuit de la pile de haute tension une résistance liquide de plusieurs millions d'ohms, qui ne permet pas à l'intensité de devenir appréciable alors que la limaille est devenue conductrice. Si l'on fait alors éclater à une distance convenable une étincelle, on constate que son effet est le même que celui d'une pile de 200, 300, 400 volts. L'effet de l'étincelle est progressif à mesure que la distance diminue.

Cette expérience paraît nécessiter plus de commentaires que n'en fait son auteur.

Les 25, 50, 100 volts de la pile à l'influence de laquelle on soumet le cohéreur ne sont pas la différence de potentiel existant entre les deux électrodes de cet instrument. Ce dernier a été, en effet, rendu légèrement conducteur avant d'être soumis à l'action de la première pile de 25 volts; si donc on l'intercale dans le circuit de cette pile, comme il est impossible de réunir, avec une simultanéité absolue, les deux électrodes du cohéreur aux pôles correspondants de la pile, la différence de potentiel de 25 volts n'existe à aucun moment entre ces deux électrodes. La différence de potentiel réelle entre ces deux points est égale au produit des 25 volts par le rapport de la résistance du cohéreur à la résistance totale du circuit. Celle-ci étant très grande, puisqu'on a intercalé plusieurs millions d'ohms, la différence de potentiel réelle est très faible.

On s'explique alors aisément que l'action d'une étincelle à distance soit équivalente à celle d'une pile de plusieurs centaines de volts agissant dans les conditions indiquées. Encore faudrait-il, pour interpréter exactement ces résultats, savoir quelle était la résistance initiale du cohéreur, celle du circuit de la pile et connaître si le transfert du cohéreur, de ce circuit au circuit du galvanomètre, était fait rapidement, ceci pour juger de l'influence de la charge électrostatique prise par le cohéreur.

Si l'on répète cette expérience avec un cohéreur présentant au repos une résistance très grande et qu'on l'intercale dans un circuit n'ayant qu'une faible résistance par rapport à celle du cohéreur, on constate qu'il suffit d'une pile de 2 à 5 volts pour l'amener immédiatement à son maximum de conductibilité. Il est même possible de construire des cohéreurs qui ne supportent pas plus d'un dixième de volt sans devenir aussitôt conducteurs.

D'autre part, le fait que l'influence de l'étincelle sur un cohéreur augmente à mesure que sa distance à l'instrument diminue paraît pouvoir être expliqué de la manière suivante : M. Branly a constaté que les limailles étaient, dans certaines limites, d'autant plus sensibles qu'elles étaient soumises à des pressions plus fortes. Il résulte de cela que, dans un même cohéreur, les différentes couches horizontales de limaille ont des sensibilités différentes. Donc, lorsqu'on soumet un cohéreur à une même étincelle produite à des distances variables, une plus ou moins grande quantité de limaille sera actionnée et la résistance diminuera par suite plus ou moins. On constate, en effet, avec des tubes contenant une très petite quantité de limaille, que la conductibilité acquise par l'effet d'une étincelle est à peu près indépendante, dans les limites d'action, de la distance au tube.

M. Branly a, de plus, constaté que l'on pouvait ramener un tube impressionné à sa résistance primitive par un choc, une vibration quelconque ou une élévation de température.

Théories des cohéreurs[1]. — M. Branly a signalé, dès le début, deux interprétations qu'il était possible de proposer

---

1. Nous citerons pour mémoire une théorie très originale de M. Chunder-Bose, d'après laquelle le fonctionnement des cohéreurs de toute espèce serait dû à une déformation moléculaire des corps en contact. Le phénomène serait absolument analogue à l'effet d'une excitation électrique sur un muscle. (Congrès international de physique de 1900.)

pour l'explication du mécanisme de l'accroissement de conductibilité :

1° Les particules métalliques se déplacent et, venant au contact, prennent une cohésion qui assure la conductibilité ;

2° Les minces couches isolantes intercalées entre les grains conducteurs sont perforées par le passage de petites étincelles dont le trajet se tapisse de matière conductrice entraînée.

La première hypothèse a eu de nombreux partisans, entre autres le professeur Lodge, qui a donné aux tubes le nom de cohéreurs. Plusieurs expérimentateurs ont pu observer, dans certains cas, de petits mouvements des limailles sous l'action d'ondes hertziennes. M. Tommasina a paru confirmer la réalité de cette hypothèse en observant la formation de chaînettes de grains de limaille réunissant les électrodes. Il faut cependant remarquer que cette expérience ne prouve qu'un fait, c'est qu'il se produit une soudure entre les grains de limaille et ne montre pas la nécessité d'un déplacement de ces limailles.

M. Branly préfère la deuxième explication et a donné à ses tubes le nom de radioconducteurs ; il se demande avec raison « comment l'hypothèse du mouvement nécessaire des limailles permettrait d'expliquer l'établissement de la contiguïté des grains conducteurs mêlés par fusion à des isolants solides ou des grains de limaille mêlés à des substances solides et soumis à de fortes pressions ; de quelle façon les particules conductrices cheminent-elles à travers l'isolant pour s'aligner ? Quel changement d'alignement évoquera-t-on dans le cas d'une colonne de billes d'acier, de larges disques de fonte et d'aluminium ? »

Deux hypothèses paraissent, d'après M. Branly, susceptibles d'expliquer ces phénomènes :

« 1° Ou l'isolant interposé entre les particules conductrices devient conducteur, sous l'influence passagère d'un courant de haut potentiel, et les divers phénomènes observés caractérisent la conductibilité de l'isolant ;

« 2° Ou bien on peut regarder comme démontré qu'il n'est pas nécessaire que les particules d'un conducteur soient en contact pour livrer passage à un courant électrique, même faible ; la distance pour laquelle la conductibilité persistante s'établit dépend d'un rayon d'activité que l'énergie d'effets électriques antérieurs augmente considérablement. Dans ce cas, l'isolant sert principalement à maintenir certains intervalles entre les particules. »

Ces deux hypothèses sont en contradiction avec l'existence des chaînettes de Tommasina et ne permettent pas d'expliquer d'une manière satisfaisante les divers phénomènes rencontrés dans l'étude des cohéreurs, cohéreurs autodécohérents, anticohéreurs, dont il est question plus loin.

Il serait peut-être préférable d'admettre les hypothèses suivantes[1] :

1° Un cohéreur n'est autre chose qu'un condensateur, ou une série de condensateurs formés par les grains successifs de limaille ;

2° Si l'on rapproche graduellement deux corps conducteurs jusqu'à ce qu'ils soient dans une position extrêmement voisine du contact réel, ou bien si, après avoir produit ce contact, on éloigne infiniment peu les deux corps, on produit entre ceux-ci une petite gaine vide que le diélectrique ne peut remplir, grâce à sa viscosité et à son adhérence à la surface des conducteurs.

Ces deux hypothèses permettent d'expliquer tous les phénomènes rencontrés dans l'étude des contacts imparfaits :

Lorsqu'on soumet un cohéreur à l'action d'ondes hertziennes ou qu'on l'intercale dans le circuit d'une pile, il prend une certaine charge électrostatique qui dépend de

1. Ferrié. Congrès international d'électricité de 1900.

la différence de potentiel créée entre ses électrodes par les ondes hertziennes ou le circuit de la pile. Lorsque cette différence de potentiel devient trop élevée, le condensateur crève, une petite étincelle jaillit en perçant le diélectrique, et, grâce à l'entraînement des particules conductrices, il se produit une soudure entre les armatures du condensateur, et par suite une diminution de résistance.

Si, après avoir soumis un tube à une influence électrique produisant une action sur lui, on le ramène par un choc à sa résistance primitive, on peut constater que la sensibilité du tube s'est accrue momentanément. En effet, si on le soumet aussitôt après à une influence électrique plus faible, primitivement sans action sur lui, on constate que cette influence agit sur le tube. Si on laisse s'écouler un certain temps avant de le soumettre à cette influence, celle-ci n'agit plus : la sensibilité est revenue à sa valeur initiale.

Cette sursensibilisation passagère s'explique aisément par le fait que les grains de limaille conservent, après le choc, une partie de la charge électrostatique supplémentaire apportée par l'influence électrique essayée, et qui avait provoqué le jaillissement de petites étincelles. Cette charge qui ne se dissipe qu'au bout d'un certain temps, peut alors s'ajouter à celle fournie par une influence électrique faible et permettre à celle-ci d'agir sur le tube.

Les mouvements constatés parfois dans les grains de limaille seraient dus à leur électrisation, et les chaînettes de M. Tommasina aux soudures résultant des étincelles de décharge des petits condensateurs formés par les grains de limaille.

La très légère conductibilité que présentent au repos la plupart des cohéreurs serait due au fait que quelques grains de limaille ont été amenés par la pression dans la position indiquée dans l'hypothèse 2 ci-dessus. Un effluve se produit dans la gaine vide et le galvanomètre accuse une certaine conductibilité. Si l'on soumet l'instrument à une influence électrique ayant pour effet d'augmenter la différence de potentiel entre ses électrodes, l'effluve existant primitivement dans la gaine vide tendra à s'élargir si l'adhérence du diélectrique aux conducteurs le permet. Dans ce cas, on constatera une diminution de résistance suivie d'un retour à l'état initial dès que la cause cessera, sans qu'il soit nécessaire de donner un choc. Ce fait a été bien souvent observé avec des cohéreurs quelconques, et, en particulier, il est le principe du fonctionnement des cohéreurs autodécohérents décrits plus loin. Si l'adhérence du diélectrique ne permet pas l'élargissement de la gaine, ce qui est le cas général, une étincelle jaillit et une soudure se produit. La présence de la gaine aurait pour effet de rendre plus facile le jaillissement de l'étincelle entre les conducteurs, car elle n'a plus à rompre une couche de diélectrique normal.

Cependant il est possible de construire des cohéreurs très sensibles ne présentant au repos aucune conductibilité appréciable.

On explique encore aisément par la même théorie la diminution de sensibilité d'un cohéreur donné, lorsqu'on diminue la force électromotrice de la pile dans le circuit de laquelle il est normalement intercalé avec un galvanomètre ou un relais.

Il en est de même pour la conductibilité permanente qu'acquiert un cohéreur tant qu'il est maintenu dans le circuit d'une pile dont la force électromotrice dépasse une certaine valeur, qui dépend de la construction du cohéreur.

On peut encore citer, à l'appui de cette théorie, le fait que l'on ne peut obtenir de cohéreurs à fonctionnement régulier lorsqu'on y a fait le vide au-dessus d'une certaine limite.

L'action du choc ou de la chaleur pour ramener un cohéreur à l'état initial s'explique par la rupture des soudures qui réunissent les grains de limaille.

Lorsque le choc est trop brutal, les limailles projetées dans le tube retombent parfois avec une énergie suffisante pour que leur pression devienne trop forte et que le cohéreur soit actionné de nouveau sous la seule influence de la pile locale.

Construction des cohéreurs pour la télégraphie sans fil. — Il ressort des expériences, faites en particulier sur les cohéreurs à limaille, les faits suivants qui caractérisent le fonctionnement de l'appareil au point de vue pratique de la télégraphie sans fil :

Si l'on fait varier la différence de potentiel créée entre les électrodes d'un cohéreur déterminé, intercalé, par exemple, dans un circuit contenant un potentiomètre et un galvanomètre, la limaille se cohère à partir d'une certaine tension et ne peut même plus se décohérer par le choc, lorsque cette différence est égale ou supérieure à une certaine valeur que M. Blondel a dénommée *tension critique de cohérence ;* celle-ci varie avec la nature des métaux employés, leur degré d'oxydation, la pression des limailles.

Pour utiliser les propriétés du cohéreur dans la télégraphie sans fil, il faut que cette tension critique ne soit pas atteinte par la force électromotrice de la pile, augmentée de la force électromotrice de self-induction $e = L \frac{di}{dt}$, à laquelle donne lieu l'extra-courant de rupture dans le circuit local du cohéreur et du relais. Il faut donc avoir soin que l'inductance de ce circuit local soit aussi faible que possible, et que le courant qui le parcourt ait une intensité également aussi faible que possible. La première condition étant difficile à satisfaire parfaitement, malgré l'emploi de shunts sur toutes les parties inductives, par suite de la présence des inductances supplémentaires nécessaires (bobines de self), il faut réduire surtout l'intensité du courant par l'emploi d'une pile à bas voltage; nous nous servons avec succès de celles de O'Keenan ou de

M. de Lalande, qui peut, avec l'étain comme électrode négative, descendre à $0^{volt},25$.

Si l'on appelle E' la force électromotrice de la pile, E_0 la tension critique du cohéreur, e la force électromotrice de self-induction du circuit, E la différence de potentiel produite entre les électrodes par le passage des oscillations recueillies par l'antenne, on doit avoir

$$E' + e < E_0 < E,$$

conditions auxquelles on pourra satisfaire en faisant E' et E^0 aussi petits que possible. On accroît donc la sensibilité avec une antenne donnée, en abaissant le plus possible la valeur critique par l'emploi de métaux peu oxydables et en mettant en circuit une pile de faible force électromotrice et un relais très sensible.

Nous avons obtenu de très bons résultats en construisant des cohéreurs en limaille d'or vierge, d'argent vierge, ou d'argent allié d'un centième de cuivre, comprise entre les électrodes de maillechort. L'emploi d'un métal légèrement oxydable permet d'élever suffisamment la tension critique de cohérence pour permettre l'emploi d'une pile capable d'actionner un relais.

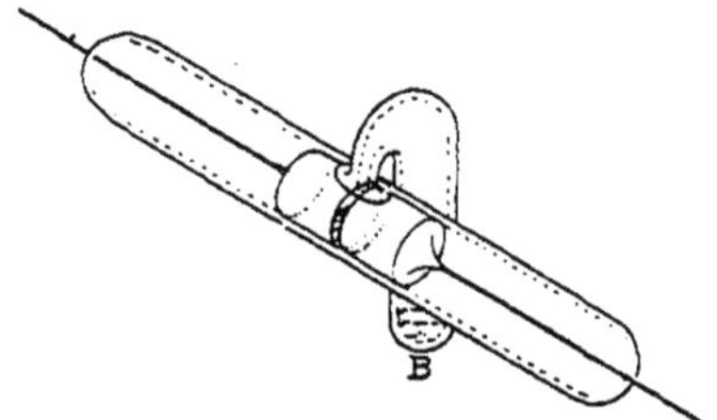

Fig. 27. — Cohéreur de M. Blondel.

Pour éviter que l'oxydation des métaux employés ne se modifie, il y a évidemment avantage à remplacer l'air par un gaz inerte, l'azote, par exemple, ou à faire le vide dans le cohéreur, mais, d'après ce qu'on a dit plus haut, il ne faut pas exagérer ce vide et tenir compte des modifications qu'il peut produire, en se réservant de faire varier après coup la tension critique de cohérence en agissant sur la pression de la limaille à l'aide d'une réserve de limaille contenue dans une poche recourbée en verre, comme l'a indiqué M. Blondel. Cette réserve peut aussi être placée derrière l'une des électrodes, dans laquelle on a pratiqué une encoche suivant toute la longueur d'une génératrice.

M. Tissot a constaté que l'on augmentait aussi bien à volonté la pression des limailles et, par suite, la sensibilité d'un cohéreur, en faisant les électrodes et la limaille en métal magnétique (acier, nickel ou cobalt) et en rapprochant plus ou moins du tube un petit aimant dont les lignes de force sont parallèles à l'axe du tube.

Mais ce dispositif présente l'inconvénient suivant : au bout d'un certain temps de fonctionnement, la limaille s'aimante et l'appareil devient irrégulier.

Les cohéreurs de M. Marconi sont constitués par un tube de 6 cm environ de longueur et de 4 mm de diamètre,

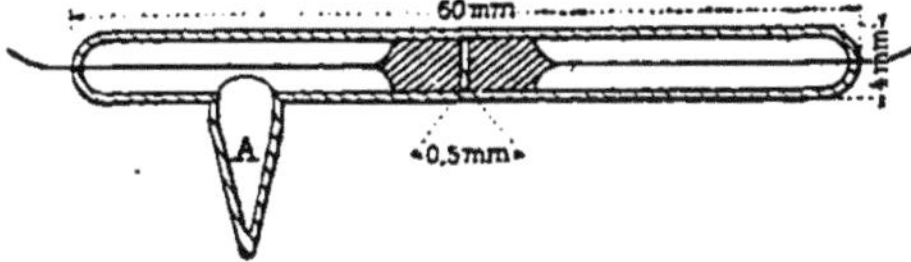

Fig. 28. — Cohéreur Marconi.

dans lequel on a fait le vide à 1 mm de pression par l'intermédiaire d'un appendice A. Dans ce tube, exactement calibré, s'adaptent deux électrodes d'argent prolongées par des fils de platine soudés dans les parois du verre. Ces électrodes sont distantes de 1/2 mm environ, et maintiennent entre elles une petite quantité de limaille très fine. Certains cohéreurs de M. Marconi ont des électrodes dont la surface plane est légèrement taillée en biseau (fig. 29).

La composition de la limaille serait la suivante : 96 parties de nickel, 4 d'argent et des traces de mercure.

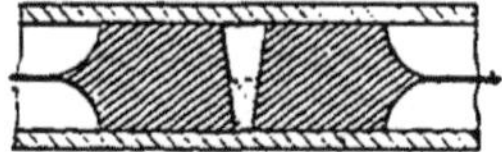

Fig. 29. — Électrodes de cohéreur taillées en biseau.

On construit maintenant des cohéreurs à bas voltage, notablement supérieurs à ceux de M. Marconi.

Retour des cohéreurs à leur résistance initiale. — On emploie généralement un choc pour ramener les cohéreurs à leur résistance initiale. Ce choc est produit le plus souvent par le marteau d'un trembleur électrique commandé par le relais.

M. Tommasina a essayé de remplacer, pour un cohéreur à limaille d'acier, fer, nickel, cobalt, le frappeur par un électro-aimant en dérivation, qui est aimanté dès que le cohéreur est actionné et, par suite, attire aussitôt la limaille et la décohère. Mais nous avons constaté que ce dispositif présente un inconvénient, comme le dispositif Tissot décrit plus haut : la limaille s'aimante au bout d'un certain temps, sa tension critique s'abaisse fortement et il n'est plus possible de la décohérer sous les voltages employés pratiquement.

Plusieurs physiciens ont eu l'idée de provoquer la décohérence du tube en le fixant à la membrane d'un téléphone, actionné soit par le courant du circuit local du cohéreur, soit par un courant commandé par le relais. Les résultats n'ont pas été très bons.

MM. Lodge et Muirhead avaient déjà, dans un brevet accepté le 16 juillet 1898, préconisé l'emploi de cohéreur à décohésion magnétique. Dans leur appareil (fig. 30), la limaille est maintenue entre deux lames métalliques, dont l'une B est recouverte d'une couche de vernis isolant, sauf sur une bande étroite *b*. Le tout est placé au-dessus et près d'un aimant E.

Quand ces limailles sont cohérées sous l'action d'oscillations, le courant du circuit du relais traverse la lame inférieure qui est alors attirée par l'aimant. Ce mouvement suffirait à décohérer la limaille.

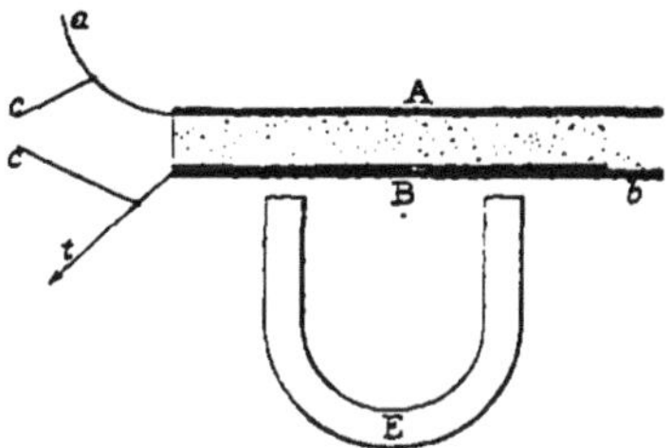

Fig. 30. — Cohéreur à décohésion magnétique de MM. Lodge et Muirhead.
Légende. — A, B, lame métallique; *b*, portion non recouverte de vernis; E, aimant; *c*, *c*, circuit du relais; *a*, antenne; *t*, fil de terre.

Les mêmes physiciens ont aussi recommandé l'emploi de cohéreurs à contact unique. Ce type d'appareil (fig. 31) se compose d'une languette *l* en aluminium ou en acier, pincée dans une mâchoire M, sur laquelle s'appuie une pointe d'acier *p*. Une roue dentée R, mue par un mouvement d'horlogerie, fait vibrer la languette et décohère son contact avec la pointe *p*.

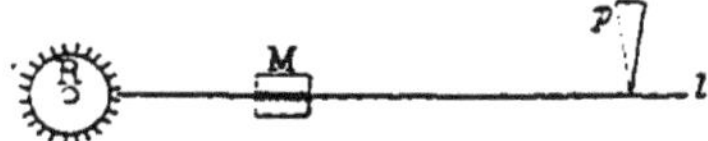

Fig. 31. — Cohéreur à contact unique.
Légende. — *l*, languette d'aluminium; *p*, pointe d'acier; M, mâchoire métallique; R, roue dentée.

Cohéreurs autodécohérents.

M. Hughes a signalé le premier que des contacts imparfaits entre grains de charbon jouissaient de la propriété de constituer des cohéreurs autodécohérents, c'est-à-dire revenant automatiquement à leur résistance primitive dès que l'influence extérieure avait cessé.

De bons résultats ont été obtenus par M. Tommasina

en constituant des cohéreurs avec des grenailles de charbon comprises entre des électrodes de maillechort.

MM. Ducretet et Popoff ont également employé avec succès des cohéreurs autodécohérents constitués par de la poussière de perles d'acier comprise entre électrodes métalliques.

Construction. — L'un de nous a vérifié[1] qu'il était possible de constituer des cohéreurs autodécohérents par le contact imparfait d'un métal avec du charbon, d'un métal avec un liquide conducteur et même de deux métaux.

Ces contacts peuvent être placés dans un diélectrique quelconque : air, pétrole, paraffine par exemple.

Les cohéreurs ainsi obtenus peuvent être d'une très grande sensibilité, supérieure à celle des meilleurs cohéreurs ordinaires, mais leur stabilité est en raison inverse de leur sensibilité.

Il est nécessaire de les employer sous de faibles voltages et de les régler de manière qu'ils présentent au repos une résistance comprise entre 1 000 et 20 000 ohms. La sensibilité est d'autant plus grande que la conductibilité est peu élevée dans les limites ci-dessus.

Le contact d'une pointe métallique quelconque avec un disque de zinc, par exemple, peut constituer un autodécohérent sensible. Il est nécessaire de régler le contact de manière à satisfaire aux conditions de conductibilité ci-dessus. Le réglage est plus stable quand les métaux sont un peu oxydés et quand l'appareil a été soumis pendant un certain temps à l'action d'ondes hertziennes. En particulier, on peut employer le contact zinc sur zinc, le métal étant recouvert de la couche d'oxyde qu'il acquiert naturellement quand il est exposé à l'air.

On obtient aussi de bons résultats en constituant un cohéreur au moyen d'un grain de charbon très dur compris entre deux électrodes de zinc, le tout noyé dans la

1. *Loc. cit.*

paraffine. Il est bon que l'une des électrodes puisse recevoir de légers déplacements pour permettre de régler la pression.

Théorie. — La théorie proposée pour les cohéreurs ordinaires peut être appliquée aux cohéreurs décohérents, en supposant que la gaine vide dont il a été parlé peut s'élargir par suite de la faible adhérence du diélectrique avec le charbon ou le métal oxydé, lorsque l'effluve existant au repos tend à s'élargir par suite de l'augmentation de la différence de potentiel existant entre les électrodes, cette augmentation étant produite par une influence extérieure[1]. Chacun de ces élargissements est traduit par une diminution de résistance du circuit, qui cesse en même temps que l'influence extérieure, le diélectrique reprenant sa position

1. Cette théorie permet d'expliquer l'expérience ci-après, indépendante de l'action des ondes hertziennes.

Si l'on intercale dans un circuit, comprenant : un élément de pile de 1,5 volt, un milliampèremètre, et le primaire d'une bobine d'induction de microphone, dont le secondaire est fermé sur un écouteur téléphonique, le contact imparfait d'un crayon de lampe à arc, dont la section est parfaitement polie, et d'une pointe ou d'un petit cylindre d'argent, on constate les faits suivants :

En rapprochant peu à peu la pointe d'argent de la section du crayon (ce résultat est obtenu en agissant sur une longue tige fixée à 90° sur la tête d'une vis, pouvant tourner dans un écrou fixe, et portant la pointe d'argent à son extrémité inférieure), on peut donner au contact imparfait des deux corps une résistance quelconque.

Lorsque cette résistance atteint une certaine valeur, il se produit une succession régulière et automatique de variations de cette résistance qui se traduit par un son musical continu dans le téléphone. L'aiguille du milliampèremètre paraît immobile et marque une intensité de 5 centièmes d'ampère.

Le même effet s'obtient en remplaçant l'argent par du zinc, du cuivre rouge, de l'acier, de l'or ou du platine. Le son produit varie avec la nature du métal employé. Avec un mince fil de platine, le son produit était à peu près l'octave du *la* normal, l'intensité moyenne était de 1,5 centième d'ampère

Le même phénomène a été produit au contact de deux métaux, mais le son durait très peu de temps, tandis que dans le cas précédent il durait aussi longtemps que le dispositif ne recevait aucune vibration extérieure.

On peut parfois faciliter l'établissement du phénomène en frottant un corps léger sur la planchette-support de l'appareil, qui peut se comporter d'ailleurs comme un microphone très sonore.

La même expérience peut être répétée en remplaçant la bobine d'induction par l'écouteur téléphonique, dans le circuit du contact imparfait.

primitive si l'état des surfaces des conducteurs n'est pas modifié par l'effluve. Cette altération des surfaces est la cause du peu de stabilité de ces instruments.

Anticohéreurs.

M. Branly a signalé, dès 1891, que les contacts imparfaits de certains corps présentaient des accroissements de résistance lorsqu'on les soumettait à certaines influences électriques. Il avait constaté l'existence de cette propriété pour le peroxyde de plomb en particulier.

Le même fait a été vérifié par M. Chunder-Bose pour les contacts imparfaits de certains métaux placés dans des conditions spéciales, le même contact pouvant, suivant ces conditions, donner soit un accroissement, soit une diminution de résistance.

Nous avons aussi constaté ces propriétés, mais non persistantes, en particulier pour le contact zinc-cuivre, tous deux légèrement oxydés, intercalé dans le circuit décrit dans la note de la page précédente. Tant que l'intensité indiquée par le dimilliampèremètre (dont la résistance est de 500 ω environ) est inférieure à 1 milliampère au repos, on constate des diminutions de résistance, sous l'action d'ondes hertziennes, avec retour à l'état initial quand cette action cesse. Si on règle le contact de manière que l'intensité dépasse 6 ou 7 milliampères au repos, on constate des augmentations de résistance sous l'action d'ondes hertziennes, avec retour à l'état initial, parfois avec une certaine paresse, quand les ondes cessent.

M. Aschkinass a observé des augmentations de résistance dans des tubes à limaille ordinaires, la limaille ayant été mouillée, ainsi qu'entre deux pointes métalliques réunies par une goutte d'eau.

Le même résultat a été obtenu par M. Neugschwender au moyen d'un fragment de glace argentée, dont l'argenture était séparée en deux parties par une fente étroite. En intercalant ce fragment de glace dans un circuit contenant une pile et un galvanomètre et en provoquant un dépôt de vapeur d'eau sur la glace, le galvanomètre dévie. Il revient à zéro si l'on produit des ondes dans le voisinage ; les ondes cessant, le galvanomètre dévie de nouveau ; d'où le nom d'anticohéreur.

La résistance ohmique à l'état normal est de 50 ohms et monte brusquement à 9000 ohms sous l'action des ondes. L'appareil ne fonctionne que si la buée de vapeur est invisible à l'œil nu.

M. Béla-Schäfer a construit un appareil analogue en coupant l'argenture d'un miroir par un ou plusieurs traits parallèles très fins et en recouvrant le tout d'un enduit spécial, probablement pour préserver de l'évaporation la mince couche de liquide nécessaire au fonctionnement.

Théorie. — Le phénomène observé par Branly et Chunder-Bose avec des oxydes ou des limailles métalliques, qui présentent toujours des traces d'oxydation, paraît être absolument différent de celui signalé par Aschkinass, Neugschwender et Béla-Schäfer.

Dans le premier cas, l'augmentation de résistance, sous l'influence d'ondes hertziennes, peut être expliquée par la décomposition de petites quantités d'oxyde, par les petites étincelles jaillissant entre les grains de limaille. Le gaz mis en liberté aux points en contact imparfait détruit donc la conductibilité partielle de ces points et il faut un choc pour ramener la résistance à sa valeur initiale.

Le second phénomène n'a pas le caractère persistant du premier. La résistance revient à sa valeur initiale dès que la cause perturbatrice a cessé. On a essayé de l'expliquer par la rupture, sous l'effet des ondes hertziennes, des filaments métalliques que l'électrolyse formerait entre les deux parties de l'argenture. On peut aussi l'expliquer par un arrêt du transport des ions, causé par les oscillations, comme l'a proposé M. Blondel, ou encore par une polarisation causée par l'augmentation de différence du potentiel entre les deux corps conducteurs, sous l'action des ondes hertziennes.

Quant à l'expérience que l'un de nous a réalisée avec un contact unique de deux métaux oxydés, elle peut être expliquée de la manière suivante :

Dans la première position, l'appareil fonctionne comme cohéreur décohérent ordinaire, grâce à l'adhérence du diélectrique sur les surfaces oxydées. Si l'on rapproche les conducteurs jusqu'à ce qu'il n'y ait plus, entre ceux-ci, que la très mince couche d'eau qui recouvre certainement les oxydes, on se retrouve dans les mêmes conditions que dans les expériences d'Achkinass et Neugschwender, et l'on observe le même phénomène.

Autres systèmes détecteurs.

Righi et Tuman ont essayé de réaliser des détecteurs dans le vide, formés de deux fils de platine très rapprochés et soudés dans une ampoule à vide.

Ces dispositifs manquent de sensibilité, comparés aux cohéreurs, et ne sont pas susceptibles d'un réglage.

Emploi du téléphone.

Les appareils précédents, cohéreurs autodécohérents, anticohéreurs, etc., n'exigeant pas de choc pour revenir à leur état normal lorsque l'influence extérieure a cessé d'agir, il est avantageux de remplacer, comme l'ont indiqué MM. Blondel, Tommasina et Popoff, le relais par un téléphone. On peut aussi remplacer le relais par le primaire d'une bobine d'induction dont le secondaire est fermé sur un téléphone.

Le montage des postes se trouve ainsi simplifié ; mais, en revanche, on ne peut inscrire les télégrammes reçus, ce qui peut présenter de grands inconvénients pour certaines applications.

L'emploi du téléphone permet aussi de réaliser plus commodément le système de syntonie signalé plus haut (p. 81).

Mais jusqu'à ce jour, les détecteurs permettant l'emploi du téléphone sont ou peu sensibles ou d'un réglage trop instable pour un long service régulier.

Jigger.

M. Marconi a imaginé un petit transformateur qu'il appelle « jigger », dont le rôle serait aussi, d'après son inventeur, de réaliser la syntonisation.

Le primaire de ce transformateur se compose de deux enroulements parallèles réunis en quantité; il est relié d'une part à l'antenne et d'autre part à la terre.

Le secondaire est formé de couches successives, de manière que le nombre de tours, dans chacune d'elles, diminue à mesure qu'augmente la distance au centre. Ce secondaire est intercalé dans le circuit cohéreur-pile-relais, en ayant soin de relier directement au cohéreur l'extrémité du secondaire qui est la plus éloignée du noyau. Les fils sont bobinés sur un noyau de verre.

Un condensateur de faible capacité est relié aux extrémités de l'ensemble du cohéreur et du secondaire du transformateur.

M. Marconi ne donne aucune théorie à l'appui du mode de construction de son transformateur, qui semble avoir pour but de réduire au minimum l'impédance et réaliser le maximum d'induction mutuelle pour ces courants de haute fréquence.

En outre, il a l'avantage de mettre directement l'antenne à la terre et d'éviter par suite les conséquences des charges électriques de l'antenne sous l'influence de l'électricité atmosphérique.

L'expérience nous a montré que l'influence du jigger est réelle en tant que transformateur, parce qu'il multiplie dans un certain rapport la tension appliquée aux bornes d'un cohéreur, de sorte que son emploi permet de réduire d'environ un quart les hauteurs d'antennes nécessaires pour une communication. Mais l'influence du petit condensateur nous a paru négligeable, et nous ne croyons pas qu'il produise un effet de syntonie, comme on le croyait au début.

Le professeur Slaby a employé dans le même but, mais avec une organisation différente des stations, un résonateur Oudin, qui jouerait en même temps un rôle de syntonisation. (V. p. 80 et 86.)

La vitesse de propagation d'une perturbation électrique dans ce résonateur, qu'il appelle amplificateur, est moins rapide qu'à l'air libre, il en résulterait un accroissement considérable de la différence de potentiel.

Relais.

Les relais employés en télégraphie sans fil doivent être d'une grande sensibilité, surtout si l'on fait usage de cohéreurs à bas voltage.

Nous avons employé avec succès le relais Claude à cadre mobile, avec 500 ohms de résistance. Ce relais peut fonctionner régulièrement avec un courant d'un demi-dixième de milliampère. Son réglage est très stable.

M. Marconi emploie généralement un relais polarisé Siemens de 1 000 ohms, qui nous a paru beaucoup moins sensible.

Bobines de self-inductance.

Les bobines de self-inductance intercalées par M. Marconi dans le circuit du cohéreur sont constituées par un fil de fer très fin d'une douzaine de mètres de longueur, enroulé en spires très étroites et noyées dans la paraffine.

La résistance ohmique d'une bobine est de 30 à 40 ohms, la valeur en henrys n'est pas connue.

La présence de ces bobines dans le circuit est très utile

lorsqu'on ne fait pas usage du jigger. L'impédance de ces bobines s'oppose en effet au passage, par le relais, des oscillations provenant de l'antenne. Leur présence soustrait aussi, au moins en partie, le cohéreur à l'effet du courant de self-induction qui prend naissance dans les bobines du relais lorsque le courant y est interrompu par un choc du tapeur sur le cohéreur, après que celui-ci a été actionné. Ce courant de self-induction trouve une issue dans le shunt placé en dérivation sur les bobines du relais.

Lorsqu'on fait usage du jigger sans condensateur, le premier rôle de ces bobines n'existe plus, puisque les oscillations induites dans le secondaire doivent se développer dans tout le circuit : secondaire, cohéreur, relais et shunt ; mais leur second rôle subsiste. En outre, peut-être jouent-elles un rôle dans la syntonisation, qui peut s'établir dans ce circuit.

Morse.

Étant donnée la lenteur obligée de la transmission, le morse employé doit être à faible vitesse de déroulement, 0,60 m à la minute environ.

Shunts.

On peut employer des shunts ordinaires à enroulement replié ou des shunts formés de lames en matière très peu conductrice : pâte de porcelaine métallique Parvillée, par exemple, ou lampes à incandescence.

Montage du poste récepteur.

Les appareils composant un poste récepteur peuvent être disposés d'une façon quelconque les uns par rapport aux autres. Il faut cependant éviter que les courants vibrés qui traversent le circuit du tapeur ne puissent produire d'induction dans le circuit du cohéreur. Il conviendra donc d'éloigner autant que possible les fils des deux circuits.

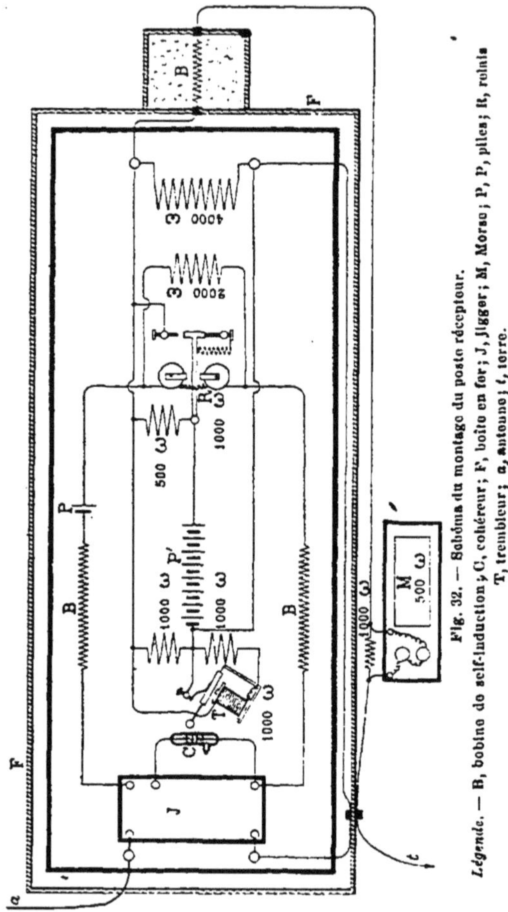

Fig. 32. — Schéma du montage du poste récepteur.

Légende. — B, bobine de self-induction ; C, cohéreur ; F, boîte en fer ; J, jigger ; M, Morse ; P, P', piles ; R, relais T, trembleur ; *a*, antenne ; *t*, terre.

Pour mettre le cohéreur à l'abri de l'influence trop violente de la transmission de la même station, on peut, pendant cette transmission, soit retirer le cohéreur et le placer dans une boîte métallique hermétiquement close, soit enfermer tout le poste récepteur dans une enceinte métallique.

M. Marconi emploie généralement le montage suivant :

Tous les appareils composant le poste récepteur, à l'exception du Morse, sont réunis sur une même planchette (fig. 32) et placés dans une boîte en fer reliée à la terre. Cette disposition a pour but d'empêcher les oscillations produites pendant la transmission opérée par la station elle-même, d'agir sur le poste récepteur.

Une paroi de la boîte en fer est mobile et permet, le cas échéant, de retirer la planchette pour régler les appareils.

L'un des fils de connexion du Morse avec le circuit du contact du relais est relié à la terre par l'intermédiaire de la boîte en fer. Dans l'autre fil de connexion du Morse, est intercalée une bobine de self, placée dans une petite boîte en fer pleine de feuilles d'étain froissées, et fixée contre la grande boîte.

Dans le cas où l'on emploie la clef-commutateur, le fil de connexion de l'enclume au récepteur est anti-inducté, comme on l'a vu plus haut.

Il ne peut donc s'établir, dans ces différents fils de connexion, des oscillations pouvant agir sur le cohéreur, pendant la transmission.

La boîte en fer, qui contient le poste récepteur, est portée par un socle en bois, muni de vis calantes, qui permettent de placer la palette du relais dans la meilleure position de sensibilité.

CONCLUSIONS

Dans les conclusions qui terminaient la première édition de ce travail, nous signalions les services que la télégraphie sans fil était appelée à rendre. Mais, en même temps, nous indiquions la nécessité de poursuivre les études et d'apporter aux appareils les perfectionnements nécessaires pour passer des expériences de laboratoires aux applications réellement pratiques.

Ce pas semble avoir été franchi aujourd'hui ; si les essais tentés dans les différents pays depuis les expériences de M. Marconi à travers la Manche en 1899 n'ont conduit à aucun principe essentiel nouveau, ils ont du moins permis l'étude détaillée et méthodique du fonctionnement des divers organes. Il en est résulté une connaissance plus nette du rôle que joue chacun de ces organes et par suite la possibilité de les calculer en vue d'obtenir un rendement plus élevé.

En même temps on s'est préoccupé de leur agencement, ce qui a conduit à étudier les détails mécaniques de leur construction, en vue de réaliser des postes faciles à régler et susceptibles d'être mis en service par un personnel relativement peu exercé. Les applications ne se sont pas fait attendre et déjà la Marine a pu installer des communications fonctionnant d'une manière normale entre navires ou entre des navires et la terre.

De son côté, M. Marconi a poursuivi ses études, et d'après les derniers renseignements recueillis, il aurait réussi à correspondre entre la pointe de Cornouailles et l'île de Wight, soit en franchissant une distance de 325 km.

On peut donc dire que la télégraphie sans fil est entrée dans le domaine de la pratique, au moins lorsqu'il s'agit d'établir des communications entre deux postes séparés par la mer. Malheureusement, la question n'est pas aussi avancée en ce qui concerne les communications à terre. Les expériences des deux dernières années, n'ont fait que confirmer ce qu'avaient déjà montré les expériences antérieures, à savoir que la transmission des ondes hertziennes se fait beaucoup moins facilement sur terre que sur mer, de sorte que les distances les plus grandes que l'on ait réussi jusqu'à présent à franchir à terre ne sont pas encore suffisantes pour que la télégraphie sans fil puisse rendre des services réellement pratiques.

C'est donc dans cette voie que l'on doit poursuivre les recherches; toutefois, les résultats obtenus jusqu'à ce jour sont assez encourageants pour que l'on puisse espérer atteindre le but poursuivi et voir dans un avenir peu éloigné la télégraphie sans fil se substituer, avec tous les avantages qu'elle comporte, à la télégraphie optique.

APPENDICE

EXPÉRIENCES FAITES A TRAVERS LA MANCHE EN MARS-AVRIL-JUIN 1899

La compagnie anglaise « Wireless Telegraph and Signal », propriétaire des brevets de M. Marconi dans tous les pays, sauf en Italie, obtint en février 1899 l'autorisation d'installer sur la côte française une station de télégraphie sans fil destinée à des essais de communication avec une station de la côte anglaise, sous la direction de M. Marconi. Les conditions imposées étaient qu'une com-

Fig. 33. — Station de Wimereux.

mission française suivrait toutes les expériences faites, et que la station française serait démolie à leur issue.

Cette station (fig. 33) fut installée à Wimereux (5 km au nord de Boulogne) dans le chalet « l'Artois », au bord de la mer, et le premier télégramme fut expédié le 28 mars.

La station correspondante (fig. 34) était placée dans le bâtiment de l'usine électrique des phares de South-Foreland, près Saint-Margaret (6 km au nord de Douvres). Ce bâtiment est situé sur une falaise élevée d'environ 80 m au-dessus du niveau de la mer. Les deux mâts étaient donc entièrement « visibles » l'un pour l'autre.

Fig. 34. — Station de South-Foreland.

La distance de Wimereux à South-Foreland (fig. 35) est d'environ 46 km.

Une troisième station était disposée, depuis quelques mois déjà, à bord du bateau-feu le *E. S. Goodwin*, et servait à la communication régulière de ce navire avec la côte par la station de South-Foreland, à une distance de 19 km.

Les deux stations de Wimereux et South-Foreland étaient munies, au début des expériences, d'antennes de 45 m. Cette hauteur fut ensuite réduite à 37 m, mais elle paraissait être à la limite inférieure pour un bon fonction-

nement. L'antenne avait d'ailleurs été doublée par un

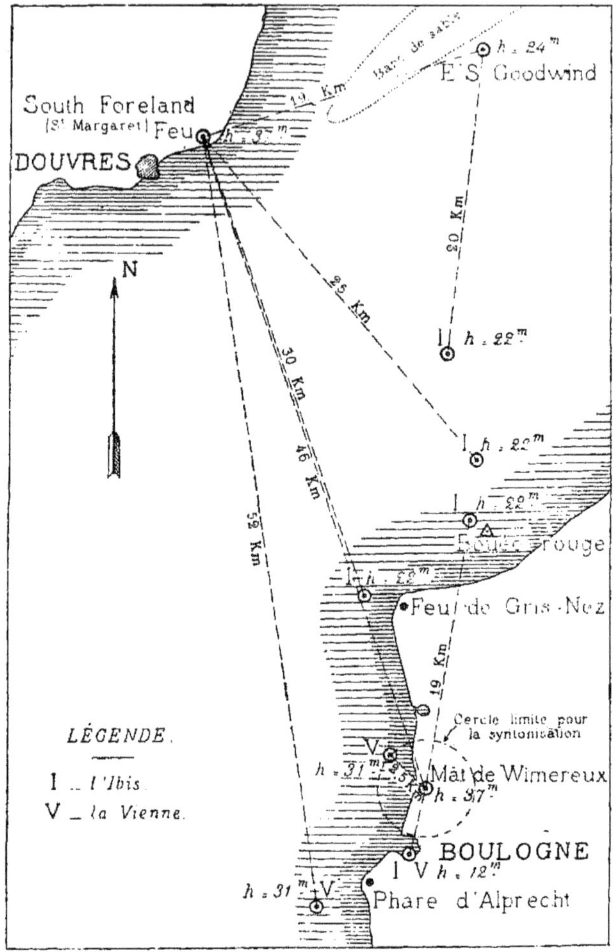

Fig. 35. — Stations pour les expériences faites à travers la Manche en mars-avril juin 1899 (1/500).

deuxième conducteur assemblé au premier en quantité.

La hauteur d'antenne du *Goodwin* était d'environ 24 m; le navire, les mâts et les haubans étaient entièrement en fer.

Ces trois stations étaient normalement réglées dans le même ton, de manière à pouvoir toujours assurer la communication du *Goodwin* avec la côte. Cette dernière station ne pouvait communiquer avec Wimereux, étant données la distance (49 km), l'interposition du cap Griz-Nez et la faible hauteur de l'antenne du *Goodwin* (24 m).

Des installations provisoires furent faites, en outre, à bord de l'aviso *l'Ibis* (fig. 36) et du transport *la Vienne*. Ces deux bâtiments étaient munis d'antennes ayant respectivement 22 m et 31 m.

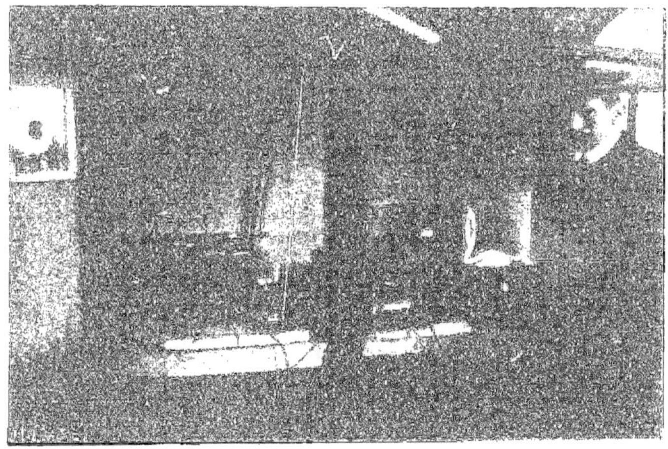

Fig. 36. — Station Marconi, à bord de l'*Ibis* [1].

Les expériences faites peuvent se diviser en trois catégories :

Expériences de communication simple en espace découvert ;

1. Le personnage représenté à droite est M. Marconi.

Expériences de communication simple avec interposition d'obstacles ;

Expériences de syntonisation.

Pendant toutes ces expériences, la vitesse de transmission était d'environ 40 lettres à la minute.

Expériences de communication simple en espace découvert. — Les communications de South-Foreland avec Wimereux et *Goodwin*, et inversement, ont toujours été très satisfaisantes par tous les temps (brouillard, vent, pluie, tempête).

Les communications entre les stations mobiles (l'*Ibis* et la *Vienne*) et les trois stations indiquées ci-dessus ont été également très bonnes, les navires étant en marche ou au repos. Les distances maximum atteintes ont été les suivantes :

L'*Ibis* (22 m), *Goodwin* (24 m), à 20 km ;

L'*Ibis* (22 m), South-Foreland (45 m), à 25 et 30 km ;

La *Vienne* (31 m), South-Foreland (37 m), à 48 km.

Cette dernière communication a même pu être établie dans un sens (réception à bord de la *Vienne*) jusqu'à 52 km. La réception à South-Foreland avait cessé à partir de 48 km. M. Marconi donnait de ce fait l'explication suivante : la sensibilité mécanique du récepteur de South-Foreland avait été réglée par lui pour la communication avec Wimereux à 46 km, mais elle était insuffisante pour une distance notablement supérieure ; tandis qu'à bord de la *Vienne*, il avait réglé cette sensibilité à son maximum.

Expériences de communication simple avec interposition d'obstacles. — L'*Ibis* (22 m) étant placé près de la bouée rouge n° 2 à l'est du cap Gris-Nez, à 19 km de Wimereux (45 m), il fut possible d'échanger des télégrammes entre les deux stations, malgré l'interposition du massif du cap Gris-Nez, d'une hauteur maximum de 100 m environ.

La *Vienne* étant à quai dans le port de Boulogne, on put établir une communication entre elle et Wimereux (5 km) avec une hauteur d'antenne de 12 m à bord de la *Vienne* et de 37 m à Wimereux, malgré l'interposition du massif de la Crèche, d'une hauteur de 75 m environ, et de toutes les canalisations électriques des quais de Boulogne.

Expériences de syntonisation. — Un programme complet d'expériences avait été préparé dans le but de vérifier les faits suivants :

1° Étant données trois stations, A, B, C, placées dans la zone d'action les unes des autres, A et B étant réglées dans le même ton et C dans un ton différent, C ne peut pas recevoir les télégrammes échangés entre A et B lorsqu'il est à une distance de A ou de B supérieure à une certaine limite à déterminer; A et B ne peuvent non plus recevoir les télégrammes transmis par C, et la réception des télégrammes qu'ils échangent entre eux n'est pas troublée par la transmission de C;

2° Les trois stations étant dans les tonalités définies ci-dessus, il est possible de modifier une des stations A ou B, A par exemple, de manière à la mettre dans le même ton que C sans toucher à B ni à C; B jouissant vis-à-vis de A et de C des mêmes propriétés dont C jouissait précédemment vis-à-vis de A et B.

Une journée fut laissée à M. Marconi pour préparer ces expériences à bord de la *Vienne*, les journées suivantes devant être consacrées à leur exécution, avec contrôle dans les diverses stations : la *Vienne*, Wimereux, South-Foreland.

Malheureusement le jeune inventeur fut victime d'un accident après la journée d'essais, et les expériences définitives ne purent être faites.

Toutefois, bien qu'il n'y eût pas de contrôle dans les stations de Wimereux et de South-Foreland, la commission a pu constater, pendant la journée d'essais, la probabilité des faits énoncés ci-dessus.

Les stations la *Vienne* (31 m) et Wimereux (37 m) ayant été réglées dans des tons différents, n'ont pu communiquer entre elles tant que leur distance demeura supérieure à 2 500 m. Mais à partir de cette limite, la communication fut aussi correcte qu'entre deux stations syntonisées.

TABLE DES MATIÈRES

Nancy, impr. Berger-Levrault et Cie

www.ingramcontent.com/pod-product-compliance
Ingram Content Group UK Ltd.
Pitfield, Milton Keynes, MK11 3LW, UK
UKHW012234240726
13966UKWH00003B/1098

9 782013 547239